REGARDS SUR LES TEXTES FONDATEURS DE LA SCIENCE, 2

Collection *Le Sel et le Fer*

1. L. Salem, F. Testard, C. Salem, *Les plus belles formules mathématiques*
2. S. Gindikin, *Histoires de mathématiciens et de physiciens*
3. P. Halmos, *Problèmes pour mathématiciens petits et grands*
4. Collectif, *Leçons de mathématiques d'aujourd'hui (vol. 1)*
5. J. Maynard Smith, *La construction du vivant*
6. C. Tudge, *Néandertaliens, bandits, fermiers*
7. P. Singer, *Une gauche darwinienne*
8. Ph. Depondt, *L'entropie et tout ça*
9. M. Daly, M. Wilson, *La vérité sur Cendrillon*
10. R. Wilkinson, *L'inégalité nuit gravement à la santé*
11. D. Deutsch, *L'étoffe de la réalité*
12. Collectif, *Leçons de mathématiques d'aujourd'hui (vol. 2)*
13. B. Randé, *Les carnets indiens de Srinivasa Ramanujan*
14. W. Poundstone, *Le dilemme du prisonnier*
15. R. Feynman, D. et J. Goodstein, *Le mouvement des planètes autour du Soleil*
16. Collectif, *Leçons de mathématiques d'aujourd'hui (vol. 3)*
17. O. Toeplitz, *Le développement de l'analyse mathématique*
18. N. Bacaër, *Histoires de mathématiques et de populations*
19. V. Alekseev, *Le théorème d'Abel : un cours d'Arnold*
20. A. Moatti (dir.), *Regards sur les textes fondateurs de la science (vol. 1)*
21. Collectif, *Leçons de mathématiques d'aujourd'hui (vol. 4)*
22. A. Moatti (dir.), *Regards sur les textes fondateurs de la science (vol. 2)*

Sous la direction d'Alexandre Moatti

Regards sur les textes fondateurs de la science

Volume 2

Physique de la lumière – Radioactivité

CASSINI

ISBN 978-2-84225-153-6

Table des matières

Introduction

Alexandre Moatti

Après le volume 1, consacré aux mathématiques, voici le volume 2, consacré à certains aspects de la physique. Résumons-nous. Des scientifiques actuels analysent des textes scientifiques du passé, qu'ils ont choisis et apprécient : ils expliquent la démarche de l'auteur et s'attachent à montrer l'actualité de ses résultats dans la science, la technologie, voire l'économie d'aujourd'hui. C'est, d'une certaine manière, une vision de l'histoire des sciences un peu différente ainsi partagée : vivante, mise en perspective et vulgarisée, à mi-chemin entre une histoire des sciences purement académique – celle-ci est bien évidemment fondamentale – et une histoire des sciences romanesque, que de trop nombreux ouvrages ou conférences nous infligent. Par rapport à la première, le *distinguo* existe, car cette histoire des sciences « vulgarisée » tâche de faire la relation à la connaissance scientifique actuelle et à la culture scientifique générale du lecteur : dans les textes qui suivent, les encadrés hors texte participent de cet objectif. Par rapport à la seconde, le retour aux textes d'origine est important pour éviter les cascades d'interprétations approximatives voire erronées.

Nous avons choisi deux fils directeurs dans cette tranche d'histoire de la physique : *Physique de la lumière* (première partie composée de neuf articles), et *Radioactivité* (deuxième partie composée de quatre articles). Chacune de ces parties ne prétend bien évidemment pas à l'exhaustivité, mais les analyses réunies nous ont semblé former un ensemble cohérent, un fil d'Ariane possible parmi les nombreux imaginables pour ces deux sujets.

Le premier texte analysé (*Démonstration touchant le mouvement de la lumière trouvé par M. Römer de l'Académie Royale des Sciences*, 1676) tient en trois pages d'un savoureux français ancien, avec sa graphie si particulière. En une phrase est posé le sujet : « Il y a longtemps que les philosophes sont en peine de décider par quelque expérience, si l'action de la lumière se porte dans un instant à quelque distance que ce soit, ou si elle demande du temps. » L'Académie des sciences avait dix ans à peine, et déjà un de ses membres répond à cette question : Ole Römer, savant danois ramené d'Uraniborg par Jean Picard, et qui réside à l'Observatoire de Paris de 1672 à 1681. Sa démonstration eût d'ailleurs pu se résumer à son remarquable schéma descriptif des immersions et émersions des satellites de Jupiter. Comme le souligne l'auteur de l'analyse, Römer ne calcule pas la vitesse de la lumière, il montre que celle-ci est finie : mais après tout n'était-ce pas le problème « philosophique » posé ?

À peu près au même moment en Angleterre, en 1672, Isaac Newton se préoccupait non de la vitesse mais de la *nature* de la lumière : on connaissait certains de ses effets (comme les taches de diffraction), mais de là à la caractériser physiquement, il y avait un pas. Âgé de moins de trente ans, Newton, grâce à cette expérience du prisme, met en évidence les angles de réfraction différents de chacune des couleurs, caractérisant par là même ces dernières. Le résumé (tel un *abstract*) de la lettre de Newton à la Royal Society publiée dans les *Philosophical Transactions* (eh oui, il s'agissait encore, et toujours, de questions philosophiques) l'indique bien : « ... his New Theory about *Light and Colors* : where *Light* is declared not to be Similar or Homogeneal, but consisting of difform rays, some of which are more refrangible than others ». C'est le premier jalon du chemin qui emmenait Newton vers la publication, trente ans plus tard (1704), d'*Opticks*, son ouvrage sur la nature de la lumière.

Mais Newton dans *Opticks* s'était sur certains points laissé emporter et avait imaginé la théorie de l'émission (ou théorie corpusculaire), selon laquelle la lumière serait composée de petites particules massiques obéissant à la loi de la gravitation... de Newton. Son compatriote Thomas Young se chargera de le démentir en 1802, avec toute la politesse d'un *gentleman.* Déjà Huygens s'était risqué, du vivant de Newton, à émettre l'hypothèse du caractère ondulatoire de la lumière. Mais manquaient à l'appui de cette intuition à la fois résultats d'expériences et formalisation mathématique. Young précise cette hypothèse en proposant une nouvelle interprétation de ces phénomènes lumineux. Il suggère les notions de *longueur d'onde* et d'*interférences*, en parlant d'un « maximum d'intensité si les longueurs des chemins sont séparées d'une distance égale à un multiple quelconque d'une certaine longueur », et d'un « minimum s'il s'agit d'un multiple impair de la moitié de cette longueur ». C'est bien une nouvelle grille de lecture, celle d'une théorie ondulatoire de la lumière, qu'il donne, le revendiquant dès la première phrase de son texte, synthétique définition de la notion de *théorie physique.*

Young était médecin, physicien, égyptologue, humaniste, mais n'était pas... mathématicien. C'est son contemporain Augustin Fresnel qui entre 1815 et 1818 renouvelle des expériences plus précises et formalise mathématiquement la théorie ondulatoire de la lumière. Arrêtons-nous sur ce physicien, dont trois articles majeurs sont analysés dans le présent volume. On voit souvent en lui un garçon timide, plongé dans la théorie : il y a en physique un mythe Fresnel (meilleur physicien de son siècle, emporté par la tuberculose à 39 ans, obligé d'arrêter la science à 33 ans) comme en mathématiques un mythe Galois. Pourtant Fresnel, dans sa pratique scientifique, est loin d'être timide ; lui aussi critique Newton (« Et c'est ce qui a été cause sans doute de l'erreur où est tombé Newton. ») Il n'est pas non plus un pur théoricien : il est aussi ingénieur ("ingénieur-savant", nous y reviendrons) – c'est la précision de ses expériences d'interférences et de diffraction qui lui permet de formaliser la théorie ondulatoire de la lumière. À une demi-longueur d'onde près, sur des distances forcément réduites afin de conserver l'intensité lumineuse, il est nécessaire d'être fin expérimentateur pour observer des phénomènes et valider une théorie – ses tableaux de mesure (p. 83) sont là pour en attester. Et puis Fresnel s'était bien aperçu, dans ses calculs, que les interférences schématiques à deux rayons lumineux, c'est simple (quelques formules de géométrie du triangle), mais que la réalité est plus complexe : Newton et les sept couleurs de l'arc-en-ciel divin, parfait, mais en fait le spectre lumineux est continu, ce qui amène aux intégrales dites de Fresnel en $\int \cos(k\pi z^2/\lambda)\, dz$ pour l'intensité des interférences. Intégrales difficiles à calculer, mais qui collaient parfaitement à l'expérience et donnaient corps à la théorie imaginée par Huygens puis Young. Et ce sont de grands seigneurs, conscients de leur valeur, qui correspondent entre eux, par exemple Fresnel à Young : « Ce que vous m'avez laissé à faire était aussi difficile que ce que vous aviez fait. Vous aviez cueilli les fleurs, j'ai creusé avec peine pour atteindre les racines... »

Arago est le seul, parmi les auteurs ici analysés, à s'interroger à la fois sur la vitesse et la nature (corpusculaire ou ondulatoire) de la lumière. Il était astronome comme physicien – en fait il touchait à de nombreux sujets, et deviendra un mandarin de la science, Secrétaire perpétuel de l'Académie : à la différence de Fresnel, un homme de pouvoir, en science comme en politique. On pourrait l'imaginer aussi comme un "directeur de recherches", plus doué pour faire travailler les autres (Fresnel, Foucault, Fizeau, Ampère, Le Verrier...) que pour acquérir des résultats lui-même : ce qui lui permettait de se poser de nombreuses questions – mais après tout n'est-ce pas une qualité ? En 1810, à vingt-sept ans, après ses escapades de mesure du méridien en Espagne, il mène des recherches par lui-même et, à l'Observatoire de Paris cent trente ans après Römer, se pose des questions fort originales : la vitesse de la lumière (qu'on sait finie) est-elle différente d'une étoile à l'autre ? Varie-t-elle quand dans son mouvement annuel la Terre s'approche ou s'éloigne d'une étoile donnée ? À la première question, la réponse est *non* : Arago montre, de manière expérimentale, que les mêmes tables de réfraction par un prisme sont obtenues « pour la lumière qui émane du Soleil et celle qui nous vient des étoiles ». À la deuxième question, de manière surprenante, la réponse est aussi *non*. C'est la première d'une longue série d'expériences négatives, prélude à la théorie de la relativité restreinte postulant la constance de la vitesse de la lumière (la vitesse de rotation de la Terre ne s'y additionne pas ni ne s'en retranche). Est-ce parce que cette expérience *paraît* négative qu'Arago se contente d'une communication orale en 1810 et ne publie pas d'article ? Il le publie toutefois (bien lui en a pris) en 1853, année de sa mort, « sans en changer un seul mot », précise-t-il avec sa superbe...

Une des questions qu'Arago, déjà Secrétaire perpétuel, pose à ses collègues en 1838 est : la lumière est-elle plus rapide dans l'eau que dans l'air (théorie corpusculaire) ou est-ce l'inverse (théorie ondulatoire) ? Quinze ans plus tard, Léon Foucault réalise dans le cadre de sa thèse universitaire une expérience de mesure différentielle de la lumière dans l'eau et dans l'air, et déclare « le système de l'émission [la théorie corpusculaire] incompatible avec la réalité des faits ». Il fait preuve d'une grande inventivité expérimentale. Avec l'aide de l'horloger Louis Breguet (le premier de cette famille qui s'illustrera dans l'horlogerie et l'aviation), il conçoit un petit miroir tournant à grande vitesse (500 tours/s), qui permet de démultiplier le chemin optique. Dans un dispositif de 4 mètres de circonférence, Foucault réussit à faire parcourir à la lumière en une seconde un chemin optique d'ordre 500 fois plus grand, et partant à pouvoir mesurer un décalage de mire suivant que la lumière traverse l'eau ou l'air ; tout en mesurant plus précisément les vitesses de la lumière dans les deux milieux. Entre Arago le semeur d'idées, Fresnel le concepteur de la théorie ondulatoire, et Foucault le physicien expérimentateur, jusqu'à Breguet l'horloger un peu physicien, en tout cas mécanicien, quelle complémentarité !

Mais Fresnel n'a pas fini de nous étonner avec la lumière. Revenons quelques années en arrière, en 1822. C'est l'année où il renonce progressivement à sa carrière scientifique ; c'est aussi celle où il s'intéresse à deux sujets étonnants, l'un théorique et anticipateur – le pouvoir rotatoire optique de certains corps –, l'autre, travail d'ingénieur – les lentilles de phares. Comme à propos de son travail d'expérimentateur dans la formalisation de la théorie ondulatoire, on peut qualifier Fresnel d'"ingénieur-savant", à l'instar d'autres polytechniciens du début du XIXe siècle (Coriolis, Sadi Carnot, Navier, Poncelet...) nourrissant leur travail d'ingénieur par leurs connaissances scientifiques et réciproquement faisant avancer la science grâce à leur expérience des techniques de l'industrie alors naissante.

L'article de juillet 1822 montre un Fresnel particulièrement actif dans la commission des Phares, au sein du corps des Ponts et Chaussées auquel il appartenait. S'il est une application concrète de la lumière à l'époque, ce sont bien les phares maritimes. La lentille plan-courbe imaginée par Buffon focalisait linéairement dans un faisceau d'un certain diamètre la lumière issue d'une source (foyer à combustion ou lampe à huile à l'époque). Mais elle était lourde et intransportable, surtout au sommet d'un phare. Fresnel propose d'utiliser la lentille à échelons, permettant d'obtenir la même focalisation avec 90% de verre en moins. Certes Buffon semble y avoir pensé, mais voyait cette lentille dans un seul bloc de verre, ce qui limitait son diamètre : il n'avait pas pensé à accoler plusieurs morceaux de verre. D'ailleurs Fresnel marque bien sa différence avec Buffon, qui « n'avait pu faire exécuter une lentille à échelons de trois pieds de diamètre » (soit environ un mètre, ce qui paraît nécessaire pour le faisceau d'un phare). Comme quoi une simple idée théorique n'est pas toujours suffisante : on a vu plus haut un Fresnel *savant,* validant et formalisant l'intuition de Young ; on trouve ici un Fresnel *ingénieur* rendant utilisable et réalisant l'idée de Buffon. Réalisation promise à un bel avenir, puisque les phares automobiles ont longtemps utilisé la lentille à échelons !

Dans son article de décembre 1822, Fresnel s'intéresse au pouvoir rotatoire optique de certains corps, qui font tourner le plan d'une lumière polarisée linéairement (biréfringence circulaire). Biot avait déjà observé le phénomène sur certains cristaux et solutions liquides. Dans ce dernier cas, il est lié à la substance elle-même et non à son organisation cristalline : recevant cette lumière polarisée linéairement, certains corps la font tourner à droite (capacité *dextrogyre*), d'autres à gauche (capacité *lévogyre*). Louis Pasteur, suivant lui aussi Biot dont il était l'élève, reliera ce phénomène à la dissymétrie moléculaire et à la stéréochimie. Mais Biot et Fresnel avaient donné les prémisses d'une théorie de la chiralité (du grec *kheir,* main) : un corps non superposable à son image dans un miroir (à l'instar d'une main) a des propriétés physico-chimiques différentes du corps image dans un miroir (appelé son *énantiomère*), bien qu'ayant la même formule chimique. L'étude de la chiralité est un des axes importants de la recherche pharmaceutique actuelle. La *Thalidomide,* de sinistre mémoire, donné comme anti-vomitif chez des femmes enceintes dans les années 1960, avait provoqué de graves malformations chez les nouveaux nés : on sait maintenant que le principe actif, anti-vomitif, avait été confondu avec son énantiomère, fortement nocif.

Le dernier texte de la première partie nous amène au début du XXe siècle, et hors de France : signe des temps, c'est un savant allemand, Max von Laue, qui met en application la théorie d'une autre savant allemand, Albert Einstein. La relativité restreinte signait la fin de la théorie de l'éther luminifère (*porteur de lumière*), censé propager les vibrations de la lumière (supposées mécaniques, comme celles du son). L'expérience d'Arago (1810) avait commencé la série d'"expériences négatives", conclue par celle de Michelson et Morley (1887) – celle-là du second ordre en v/c – ne permettant pas de caractériser l'éther en quoi que ce soit. Je ne sais plus quel physicien a émis la boutade selon laquelle la seule caractérisation possible de l'éther est qu'il sert de sujet au verbe *onduler...* Cette fois-ci c'est Fresnel qui s'était laissé emporter trop loin dans son système d'idées, de fait fort cohérent. Il avait imaginé que l'éther était "entraîné" dans les milieux réfringents (comme les prismes), avec une vitesse $V(1 - 1/n^2)$, V étant la vitesse de rotation de la Terre et n l'indice de réfraction. Laue montre, près de cent ans plus tard, que ce terme n'est pas faux, mais s'interprète logiquement non dans le cadre de la théorie de l'éther, mais dans celui de la relativité restreinte : c'est le terme de premier ordre en V du développement limité ($V \ll c$) de la formule relativiste de composition des vitesses $(U + V)/(1 + UV/c^2)$, donnée par Einstein dans son article de

1905. La physique de la lumière des physiciens français du XIXe siècle avait ouvert la voie à la nouvelle physique du XXe siècle : la relativité, avec la constance de la vitesse de la lumière, et la physique quantique, qui réunira les deux théories ondulatoire et corpusculaire (à la différence près que les photons sont des particules sans masse...).

Comme dans notre premier volume, la seconde partie, consacrée à la radioactivité, est plus linéaire, plus ramassée dans le temps : elle commence quand se termine la première partie, et s'étend sur quarante ans, de 1895 à 1935. Doit-on y voir un signe de l'accélération de la science, et notamment de la physique, à partir du début du XXe siècle ?

Nous avons un peu triché en y incluant le premier article, portant sur la découverte par Röntgen des rayons X (1895). Mais c'est en partie grâce à eux que la radioactivité allait être découverte trois mois plus tard. Cette découverte marque le début d'une nouvelle physique expérimentale, pleine de surprises ; elle peut aussi être rattachée à la physique de la lumière – même si ce n'est pas celle de la lumière visible. Pour ces diverses raisons, les rayons X nous semblent marquer une bonne transition entre les deux parties du présent volume.

Röntgen, comme de nombreux physiciens expérimentaux, fait fonctionner dans les années 1880-1890 des "tubes de Crookes", tubes sous vide dans lesquels des "rayons cathodiques" circulent en ligne droite d'une cathode vers une anode. Ces tubes allaient notamment permettre de découvrir l'électron (qui forme le rayon cathodique). Röntgen avait enveloppé son tube de carton noir et observait néanmoins, à chaque décharge électrique du tube, un effet de fluorescence sur un écran situé à deux mètres du tube... Énigmatique. Plus encore, si l'on place sa main entre le tube et l'écran, on voit apparaître sur celui-ci la forme des os de la main. C'étaient les premiers rayons X : ils traversent la matière peu dense des tissus cellulaires et sont arrêtés par la matière osseuse, d'où le cliché avec l'ombre des os de la main – les rayons X seront utilisés à peine deux mois plus tard dans nombre d'hôpitaux en Europe. Röntgen procède à une étude très précise du phénomène : son article du 28 décembre 1895 dans les *Comptes rendus des réunions de la Société physico-médicale de Würzburg* est un chef-d'œuvre de caractérisation expérimentale d'un phénomène physique, détaillée en dix-sept points. Ce n'est que plus tard que la théorie viendra expliquer l'expérience : les électrons, lorsqu'ils atteignent l'anode du tube, sont ralentis par le champ électrique des atomes constituant l'anode ; une charge accélérée ou décélérée dans un champ électrique émet, selon les équations de Maxwell, un rayonnement électromagnétique (le *rayonnement continu de freinage*), sous forme de photons X (situés au-delà de l'ultraviolet dans le spectre de la lumière).

Henri Poincaré, à Paris, lisait l'allemand et fait part des résultats de Röntgen à ses collègues de l'Académie ; l'un d'eux, Henri Becquerel, examine si les sels d'uranium en sa possession, très fluorescents, n'étaient pas aussi émetteurs de rayons X. Becquerel tenait de son grand-père Antoine-César, polytechnicien et physicien comme lui, une grande collection de divers minéraux fluorescents ; parmi ceux-ci, les sels d'uranium (élément découvert en 1841) étaient jusqu'alors une simple curiosité. Enrobant de noir ses plaques photographiques (pour éviter qu'elles soient impressionnées par la simple lumière solaire) et y posant ses sels uraniques, Becquerel constate que les plaques sont rapidement impressionnées : ce n'était pas de la fluorescence (celle-ci ne traverse pas le carton), peut-être des rayons X ? Que nenni. Souhaitant répéter la manipulation une semaine plus tard, Becquerel constate que le soleil a disparu (ce qui limiterait fortement la fluorescence, et donc les rayons supposés liés à cette dernière) : il range l'ensemble, plaques enveloppées et sels uraniques dans son tiroir. Le lendemain, par acquis de conscience, ou curiosité scientifique, *il développe néanmoins les plaques,* et s'aperçoit qu'elles sont nettement impressionnées : par des rayons qui n'étaient donc dus ni à la lumière solaire, ni à la fluorescence de l'uranium (qui était dans le noir), mais au matériau d'uranium lui-même – ce qu'il confirme en refaisant l'expérience avec d'autres composés uraniques, ceux-là *non fluorescents.* Les "rayons de Becquerel" conservent ce nom et restent quelque temps inexpliqués. Marie Curie fait sa thèse sur ces rayons et présente en avril 1898, deux ans après celles de Becquerel, une communication [1] mettant en évidence les mêmes types de rayons (qui, à la différence des rayons X, avaient la particularité d'être chargés électriquement) sur des matériaux différents, à plus forte intensité radiative : le thorium et la pechblende, minerai d'uranium duquel Pierre Curie et elle extrairont le polonium et le radium, qui donnera son nom à la *radioactivité.*

Après avoir passé une frontière, passons un océan. À l'université McGill, à Montréal, le physicien néo-zélandais Ernest Rutherford s'était pris de passion pour la radioactivité. Il avait déjà mis en évidence, en 1898, à vingt-sept ans, deux rayonnements de radioactivité distincts, qu'il baptise α et β. Il s'adjoint l'aide d'un chimiste, Frederick Soddy, et cette coopération physico-chimique s'avère fructueuse en matière de radioactivité. Travaillant sur une "émanation gazeuse" émise en permanence par du thorium solide, ils *démontrent* que la radioactivité est la transformation spontanée d'un élément chimique en un autre par émission d'un rayonnement : ils ont même peur d'être traités d'alchimistes ! Ils ne le sont pas, et sont plus précis encore : « Il n'est donc pas possible de considérer la radioactivité comme une conséquence de transformations qui ont déjà eu lieu [...] Les rayons émis accompagnent nécessairement la transformation du système qui rayonne en celui qui le suit [...] À la lumière de ces preuves, il y a toute raison de supposer non seulement que l'expulsion d'une particule chargée accompagne la transformation, mais que cette expulsion est en fait la transformation. Au vu des connaissances actuelles, la radioactivité doit être considérée comme le résultat d'un processus qui se situe entièrement hors de la sphère des forces contrôlables connues, et ne peut être ni

1. « Rayons émis par les composés de l'uranium et du thorium », Note de Mme SKLODOWSKA CURIE, présentée par M. G. Lippmann, *Comptes Rendus de l'Académie des sciences,* t. 126, 1898, p. 1001 et s. Nous regrettons de n'avoir pu présenter une analyse de ce texte dans le présent ouvrage – nous le réservons toutefois pour une éventuelle seconde édition.

créée, ni altérée, ni détruite. » Ces considérations importantes étaient étayées : Rutherford et Soddy mettent en évidence la loi de décroissance radioactive exponentielle ($N_t/N_0 = e^{-\lambda t}$), ainsi qu'une première esquisse des suites de désintégrations radioactives – plus tard appelées “familles radioactives”.

Le dernier texte analysé ici nous ramène à Paris, dans le berceau de la radioactivité, et même dans la famille Curie. Irène, fille de Pierre et Marie Curie, et son époux depuis 1926, Frédéric Joliot, tâchent en 1934 de caractériser le positron, de la découverte duquel ils étaient passé bien près quelques années auparavant (c'est Carl Anderson qui le découvre en 1932 dans les rayons cosmiques). Là aussi, nouvel artefact fructifère – comme pour Röntgen (la découverte est hors du tube) et pour Becquerel (la découverte est sans rapport avec les rayons X) : ils trouvent autre chose que ce qu'ils cherchent. Ils forment par bombardement de feuilles d'aluminium par des particules α un isotope inconnu du phosphore, suivant la réaction ${}^{27}_{13}\mathrm{Al} + {}^{4}_{2}\mathrm{He} \to {}^{30}_{15}\mathrm{P} + {}^{1}_{0}\mathrm{n}$; l'isotope naturel ${}^{31}_{15}\mathrm{P}$ a seize neutrons et non quinze. Un bonheur n'arrivant pas seul, ils trouvent aussi le positron dans une réaction de radioactivité, celle justement de cet isotope instable ${}^{30}_{15}\mathrm{P} \to {}^{30}_{14}\mathrm{Si} + e^{+} + \nu$: c'est la mise en évidence de la radioactivité β^{+}. D'autres éléments radioactifs artificiels seront rapidement découverts (Fermi en énumère 47 sur 68 étudiés). Ils sont tous de faible durée de vie, raison pour laquelle on ne les trouve plus dans la nature : comme dit Joliot, « ce sont probablement quelques-uns de ces atomes disparus qui sont régénérés dans les laboratoires ». Ils auront, comme les rayons X et le radium, des applications médicales : l'iode 123 (isotope radioactif de l'iode 127) est utilisé comme traceur de la fixation d'iode par la thyroïde ; l'oxygène 15 (isotope radioactif de l'oxygène 16) est utilisé dans la visualisation par tomographie à émission de positrons. La conférence de Joliot lors de la remise du prix Nobel au couple en décembre 1935 s'achève de manière visionnaire : il évoque les applications médicales à venir de la radioactivité artificielle et indique qu'elle pourrait aussi être une clef de compréhension de la formation de l'Univers ; il évoque aussi les possibles “réactions en chaîne” qui ne seront mises en évidence qu’avec la fission nucléaire trois ans plus tard.

Ces fils d’Ariane sont ici rapidement tirés : ils montrent cependant – et les analyses ci-après le font beaucoup mieux – l’imbrication des démarches et des résultats de ces divers savants, et le rôle joué par l’émulation (c’est particulièrement net dans la deuxième partie). Ils montrent aussi l’interaction, et même la rétroaction permanente, entre expériences et théories, entre les phénomènes et leur cadre interprétatif. Et la façon dont ceci s’applique à chacun des savants ici étudiés : les uns penchant un peu plus du côté de l’expérimentation (Foucault, Röntgen, Becquerel), les autres du côté de la théorie (Young, Laue dans cet article), d’autres exerçant leurs talents dans les deux domaines (Fresnel ou Rutherford, qui est aussi théoricien quand il émet l’hypothèse des chaînes radioactives). Mais ces *distinguo* apparaissent byzantins, tant la théorie se nourrit de l’expérience, et vice-versa, au point qu’elles sont toutes deux, avec le recul, difficilement discernables, et au fondement même de la démarche scientifique.

Nota. Comme indiqué, les pages qui suivent sont des analyses des textes scientifiques choisis. Ces derniers ne sont pas reproduits ici, à l’exception de quelques-uns qui étaient particulièrement courts. Le lecteur intéressé à s’y reporter pourra consulter la bibliothèque numérique scientifique BibNum. (`www.bibnum.education.fr`)

Première partie

PHYSIQUE DE LA LUMIÈRE

Rømer et la vitesse de la lumière

Francis Beaubois

Fig. 1. Timbre danois consacré à Rømer à l'occasion du tricentenaire de sa naissance (1944).

Une histoire de satellites

Galilée, découvreur des quatre principaux satellites de Jupiter, a le premier proposé d'utiliser leur mouvement comme une horloge naturelle et universelle permettant de se repérer en longitude. Cette méthode était censée résoudre la question du repérage des longitudes en mer, question cruciale à l'ère de la navigation transocéanique [1]. Grâce à Huygens qui venait en 1657

1. Malheureusement, cette méthode n'a jamais pu être employée efficacement faute d'un dispositif approprié à l'observation (voir encadré p. 17).

de mettre au point son horloge à balancier [2], l'étude des éclipses des satellites joviens a été reprise en 1664 par Jean-Dominique Cassini (1625-1712) pour en dresser des tables plus précises et ainsi réaliser des cartes géographiques moins défectueuses ; Cassini exposa à cette fin sa méthode de détermination des différences de longitude sur Terre par observation simultanée d'une même éclipse en deux lieux.

En 1667, année où débuta la construction de l'Observatoire de Paris, les astronomes de l'Académie – Auzout, Picard, Huygens et Roberval – élaborèrent de vastes programmes d'observations et de recherches, avec, parmi ceux-ci, la détermination – par la méthode de Cassini – de la différence de longitude entre l'Observatoire de Paris et l'observatoire disparu de Tycho Brahe à Hveen, au Danemark (Observatoire d'Uraniborg). L'expédition à Uraniborg était nécessaire afin de pouvoir utiliser correctement les anciennes observations de Tycho Brahe, mais également d'Hipparque et de Ptolémée [3]. Jean Picard fut chargé de cette mission tandis que Cassini restait à Paris pour observer dans le même temps les immersions d'octobre 1671 à janvier 1672.

Les éclipses des satellites joviens et la mesure de la longitude

Les quatre satellites galiléens de Jupiter (Io, Europe, Ganymède et Callisto), dont les orbites sont quasi équatoriales et coplanaires, présentent des phénomènes d'éclipses lorsqu'ils passent dans le cône d'ombre de la planète, pour un observateur terrestre. Ces éclipses durent plus de deux heures pour Io. Selon les positions relatives de la Terre et de Jupiter, on ne peut observer, sur une période donnée, que l'immersion, c'est-à-dire l'entrée du satellite dans l'ombre de Jupiter, ou l'émersion, c'est-à-dire la sortie du satellite de l'ombre de Jupiter, mais pas les deux phénomènes ensemble, l'un étant toujours caché par la présence de Jupiter dans l'axe de visée.

2. Avec cette horloge de Huygens, on commençait à avoir une mesure plus précise et plus stable du temps, ce qui permettait aux savants en divers points de l'Europe de noter puis de comparer l'instant où un événement était observé.

3. I. B. Cohen, « Rømer and the first determination of the velocity of light », *Isis,* vol. 31, n°2, 1940, p. 327-372.

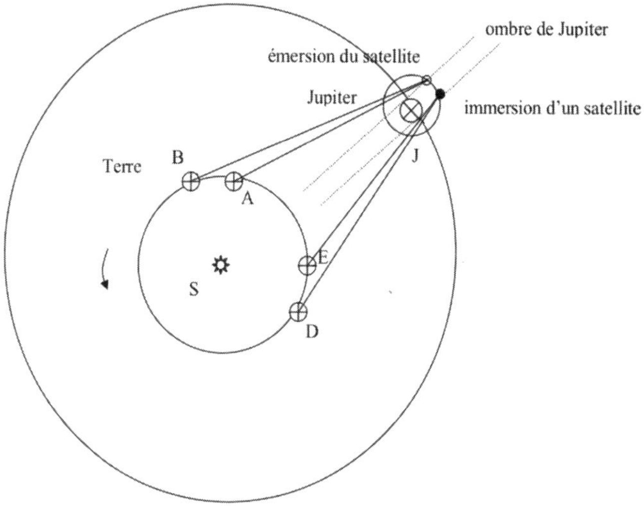

Les instants des éclipses (immersion ou émersion) sont calculés dans les tables de référence (par exemple celles de l'Observatoire de Paris) en temps solaire local ; on observe alors ces éclipses en un autre lieu, en temps solaire de ce lieu, par exemple sur un navire. Le décalage entre les deux mesures donne l'écart des deux échelles de temps solaire, c'est-à-dire la différence de longitude [4], à raison de 4 minutes par degré, qui représente la vitesse angulaire de rotation de la Terre.

Simple dans son principe, cette méthode souffre de nombreuses difficultés, comme la faible fréquence du phénomène (206 révolutions de Io par an mais 150 seulement utilisables du fait de la présence du Soleil lors de la conjonction de Jupiter), l'heure (il doit faire nuit et Jupiter doit être visible dans le ciel du lieu dont on veut déterminer la longitude), les conditions météorologiques et la précision de l'observation. L'ensemble de ces conditions diminue substantiellement le nombre d'éclipses utilisables.

4. La latitude n'entre pas ici en considération : compte tenu de son éloignement, le phénomène est observé au même moment sur un méridien donné.

Picard arriva à Copenhague le 24 août 1671 puis partit pour Hveen le 6 septembre, « accompagné de Mons. Erasme Bartholin et d'un jeune Danois nommé Olaüs Rømer que Mons. B. [lui] avoit fait connaître, et qui, étant ensuite venu en France avec [lui], fut nommé membre de l'académie des sciences, où il a donné plusieurs marques de son rare génie et de son esprit », écrit-il dans son *Voyage d'Uranibourg, ou observations astronomiques faites au Dannemark*[5].

Ce jeune astronome danois, Olaüs Christensen Rømer[6] naquit à Aarhus le 25 septembre 1644. Il commença ses études de sciences exactes à l'Université de Copenhague en 1662. Immédiatement après, il devint assistant d'Erasmus Bartholin, professeur de mathématiques et de médecine. Rømer se familiarisa avec l'astronomie grâce au travail que lui avait confié le roi du Danemark – Christian V – qui consistait à réviser et recopier les observations de Tycho Brahe, dont le roi venait d'acheter le manuscrit auprès du fils de Kepler. Bartholin devait d'ailleurs en assurer l'édition.

Rømer assista donc Picard lors des observations des éclipses faites par ce dernier pour déterminer la différence de longitude entre Paris et Hveen. Une attaque de scorbut força Picard à revenir à Copenhague, laissant le soin à Rømer et à l'un des compagnons de Picard de poursuivre les observations. Malgré la difficulté de la tâche, ses résultats furent d'une grande précision, ce qui accrut l'estime de Picard pour le jeune astronome. Il le ramena finalement avec lui à Paris au cours de l'été 1672. Rømer fut logé à l'Observatoire et prit dès lors une part active au travail de l'Académie royale des sciences. Il continua entre autres avec Picard les observations des satellites de Jupiter et participa à la détermination de la parallaxe de Mars.

---

5. Jean Picard, *Voyage d'Uranibourg, ou observations astronomiques faites au Dannemark*, Paris, 1680.

6. Son prénom et nom peuvent s'orthographier de différentes manières Ole / Olus / Olaüs et Römer / Roëmer / Rœmer / Rømer.

L'astronome-géodésien français Jean Picard

Jean Picard (dit l'abbé Picard) est né le 21 juillet 1620 à La Flèche et mort le 12 juillet 1682 à Paris. On sait très peu de choses sur ses jeunes années. Disciple de Galilée et de Gassendi – il remplacera Gassendi à la chaire d'astronomie au collège de France en 1655 –, il a beaucoup contribué à perfectionner les instruments d'optique de son temps et fait progresser l'astronomie de précision.

Mais il s'est surtout rendu célèbre en mesurant le rayon de la Terre de façon précise. Dès 1666, la question de la mesure de la Terre est au programme dans la toute nouvelle Académie des sciences créée par Colbert, dont il fut l'un des 21 premiers membres. Entre 1668 et 1670, Picard mesure par la méthode de la triangulation – mise au point un siècle plus tôt par Gemma Frisius – la longueur d'un arc du méridien de Paris sous-tendu par un angle d'un degré, entre Malvoisine (au sud de Paris) et Sourdon (à 20 km au sud d'Amiens). Cette mesure de l'arc de méridien demeure une première mondiale en terme de géodésie.

Cette opération est à l'origine de la nouvelle carte de France ordonnée par Colbert et également de la controverse sur la forme de la Terre. Ses mesures l'ont conduit à un résultat de « 57 060 toises pour un grand cercle de la Terre », ce qui donne un rayon terrestre d'environ 6 372 km. Ses mesures seront compilées dans son livre *Mesure de la Terre* publié en 1671.

La même année, Picard part au Danemark pour mesurer la différence de longitude entre Paris et l'observatoire d'Uraniborg de Tycho Brahe, sur l'île de Hven. Il en reviendra avec Ole Rømer, pour le plus grand bénéfice de l'Académie des sciences, de l'Observatoire et de la science en général.

Lorsque Cassini établit ses tables d'éclipses, il se rendit compte que les périodes des satellites comportaient des écarts par rapport à une régularité supposée découler des lois de Kepler. Outre une première irrégularité – ou inégalité – due à l'excentricité de l'orbite de la Terre et de Jupiter, Cassini en repéra une seconde en août 1675. Quelle en était la cause ?

L'article de 1676 de Rømer

L'explication de la seconde inégalité fut proposée en premier par Cassini lui-même en termes de « mouvement successif de la lumière », c'est-à-dire en supposant une vitesse de la lumière finie. Cette inégalité « paroît, dit-il, venir de ce que la lumière emploie quelque temps à venir du satellite jusqu'à nous, et qu'elle met environ dix à onze minutes à parcourir un espace égal au demi-diamètre de l'orbite terrestre [7] ». Mais Cassini va délaisser cette hypothèse et laisser à Rømer la gloire de la découverte [8]. C'est donc le 7 décembre 1676 que Rømer présente le résultat de ses travaux à la communauté scientifique dans le *Journal des Sçavans.* La lecture de ce mémoire très concis – il ne fait que quatre petites pages – est facile et convainc de la justesse de l'hypothèse de Rømer (le mémoire de Rømer est reproduit dans ce volume p. 217-220). Mais en seconde lecture, il laisse un sentiment d'insatisfaction tant les calculs sont peu détaillés, comme nous allons le voir.

Il rappelle tout d'abord que les savants n'ont pas encore proposé d'expérience probante pour montrer que la vitesse de la lumière est finie : et pour cause, la plupart pensent que son mouvement est instantané.

> *Il y a longtemps que les philosophes sont en peine de décider par quelque expérience, si l'action de la lumière se porte dans un instant à quelque distance que ce soit, ou si elle demande du temps.*

Rappelons néanmoins que Galilée fut le premier à essayer de mesurer directement cette vitesse ; il rapporte la méthode employée dans ses *Discours concernant deux sciences nouvelles,*

---

7. Cité dans I. B. Cohen, *op. cit.*, p. 345.

8. Cassini va d'ailleurs reconnaître plus tard la primauté de cette découverte à Rømer. La question de savoir si ce fut Cassini ou Rømer l'initiateur de cette explication a été arbitré en faveur de ce dernier par K. M. Pedersen (K. Pedersen & R. Taton, *La vie et l'œuvre de Rømer* in *Rømer et la vitesse de la lumière*, Vrin, p. 113-128, 1978) mais un manuscrit de Cassini retrouvé par Laurence Bobis et James Lequeux (L. Bobis, J. Lequeux, « Cassini, Romer and the velocity of light », *Journal of Astronomical History and Heritage,* 11(2), p. 97-105 (2008)) prouverait en fait le contraire.

publiés en 1638. Mais le résultat est négatif, et il peut seulement en déduire que la propagation de la lumière est sinon instantanée, du moins extrêmement rapide – bien supérieure en tout cas à celle du son. Descartes proposa de se tourner alors vers les phénomènes astronomiques, et en particulier les éclipses de Lune. En effet, si la lumière met du temps pour parcourir la distance Terre-Lune, une éclipse sera visible sur Terre un instant après le moment où le Soleil, la Terre et la Lune sont alignés. Il supposa que la lumière parcourt l'aller-retour Terre-Lune en environ une heure. Mais pas même un décalage d'une demi-minute n'est décelable lors de l'éclipse.

Il en conclut que l'infinité de la vitesse était établie [9], ce qui corroborait ses *a priori* mais plaçait dans le même temps un obstacle à l'acceptation de l'hypothèse de Rømer [10].

Dans son analyse, Rømer utilise les observations du premier satellite, Io, effectuées au cours des huit années écoulées [11]. Une lettre de Rømer à Huygens révèle que sa théorie du retardement de la lumière se fondait exclusivement sur des observations faites soit par Picard, soit par lui-même et ce dernier, et qu'il n'a pas utilisé les nombreuses observations réalisées par Cassini à cette époque.

Tout comme Cassini, Rømer a été amené à constater que la durée de révolution du satellite était plus courte quand on la mesurait à partir d'une série d'immersions qu'à partir d'une série d'émersions, et cela indépendamment de la position de Jupiter sur son orbite :

> *Il est manifeste que si la lumière demande du temps pour traverser l'intervalle LK* [voir fig. 2 page suivante], *le satellite sera vu plus tard de retour en D, qu'il n'aurait été si la Terre*

---

9. Carl B. Boyer, « Early estimates of the velocity of light », *Isis,* vol. 33, n°1 (1941), p. 24-40.

10. Bien que cartésien convaincu, Rømer s'opposera à l'opinion de Descartes quant à la vitesse de la lumière.

11. K. Meyer a retrouvé en 1913 un manuscrit de Rømer à la Bibliothèque de l'Université de Copenhague où sont consignées les données des éclipses qu'il a utilisées. Il en recense plus de soixante-dix.

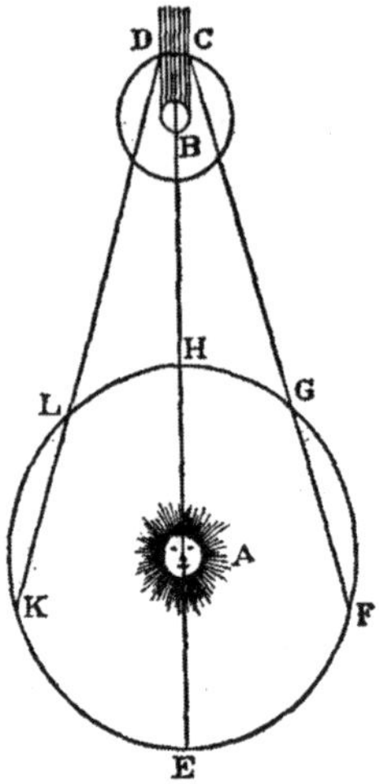

Fig. 2. *Schéma accompagnant le mémoire de Rømer.* Les immersions sont observées quand la Terre se rapproche de Jupiter, allant de F vers G. Les émersions sont observées quand la Terre s'éloigne de Jupiter, allant de L vers K.

> *était demeurée en K, de sorte que la révolution de ce satellite, ainsi observée par les émersions, sera retardée d'autant de temps que la lumière aura passé pour aller de L en K, et qu'au contraire* [...] *les révolutions des immersions paraîtront autant raccourcies, que celles des émersions avaient paru allongées.*

Rømer propose que ces inégalités soient imputées au fait que « la lumière demande du temps » pour traverser l'intervalle supplémentaire LK dû au mouvement de la Terre pendant les révolutions du satellite. Si, comme il le propose à titre d'hypothèse au début du mémoire, la lumière mettait une seconde pour franchir le diamètre de la Terre, alors la différence de temps serait

> *de près d'un demi quart d'heure entre deux révolutions du premier Satellite, dont l'une aurait été observée en* FG, *&*

> *l'autre en* KL, *au lieu qu'on n'y remarque aucune différence sensible.*

Plutôt que d'en conclure à une vitesse infinie, comme l'a déduit Descartes de l'analyse qu'il avait faite de l'étude d'une éclipse de Lune, Rømer propose d'augmenter le nombre de révolutions observées, le cumul permettant l'obtention d'un temps parfaitement mesurable [12]. Il arrive donc au résultat crucial que la lumière met 22 minutes pour traverser le diamètre de l'orbite terrestre, et donc que la lumière a un « mouvement successif », et non instantané [13]. Mais à aucun moment, pourtant, il ne livre une valeur numérique de cette vitesse. Pourquoi ? En parcourant la littérature, on constate que plusieurs raisons sont invoquées : parce que l'importance de la démonstration résidait uniquement dans le fait que la vitesse était finie, ou que le diamètre de l'orbite terrestre n'étant connu qu'avec une grande imprécision il s'avérait inutile d'en tirer une valeur de la vitesse de la lumière, ou encore parce que la vitesse lui semblait inconcevablement grande. Peu importe la vraie raison, le fait est que Rømer n'a jamais proposé une valeur de la vitesse de la lumière, dans le sens où nous l'entendons maintenant [14] !

Les bases de calcul de Rømer

Nous avons relevé que Rømer ne donne aucun indice sur la provenance des valeurs qu'il cite. Ce fait est patent quand il écrit que pendant

> *42 heures et demi, que le Satellite emploie à peu près à faire chaque révolution, la distance entre la Terre & Jupiter*

12. Voir à ce sujet l'article de J. H. Shea, « Ole Romer, the speed of light, the apparent period of Io, the Doppler effect and the dynamics of Earth and Jupiter », *Am. J. Phys.*, 66 (7), p. 561-569, July 1998.

13. Il ne reste pas de preuve de la façon dont Rømer a obtenu cette valeur de 22 minutes.

14. Dans son livre de notes *Adversaria*, conservé à la Bibliothèque royale de Copenhague, Rømer écrit néanmoins que la lumière met une minute pour franchir 1 091 diamètres terrestres.

> *dans l'un & l'autre quadrature varie tout au moins de 210 diamètres de la Terre* [...]

Comment Rømer sait-il qu'en 42 1/2 heures la Terre se déplace sur son orbite d'« au moins 210 » diamètres terrestres ? Pour arriver à ce résultat, il a bien dû partir de la distance Terre-Soleil, et il est possible de dérouler le calcul à l'envers, comme l'a fait l'historien des sciences Albert Van Helden [15]. Reprenons son analyse. Si la Terre parcourt sur son orbite 210 diamètres terrestres en 42 h 1/2, alors sa vitesse est de 43 314 diamètres terrestres par an, et donc la circonférence de son orbite, qu'elle parcourt en un an, est de 43 314 diamètres terrestres. Par conséquent, la distance Terre-Soleil est de $43\,314/2\pi$, soit 6 894 diamètres terrestres, ou 13 787 rayons terrestres. L'angle sous-tendu par le rayon de la Terre mesuré depuis le centre du Soleil, appelé parallaxe horizontale du Soleil, est alors égal à

$$\tan^{-1}(1/13\,787) = 4{,}16.10^{-3} \text{ degré}$$

soit 14,96″ (secondes d'angle) selon Rømer (*cf.* illustration 2).

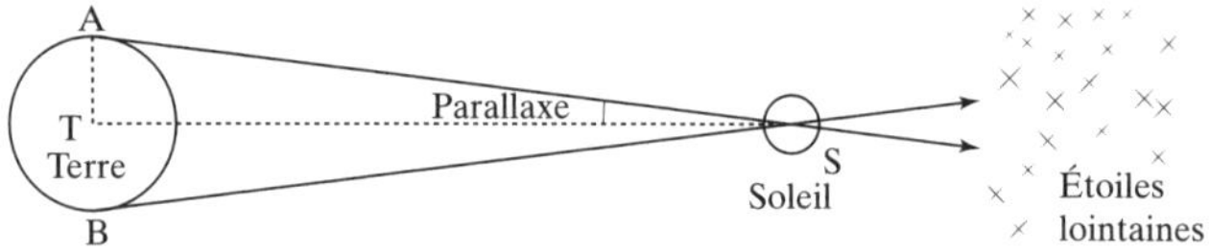

Fig. 3. *Schéma représentant la parallaxe horizontale du Soleil.* C'est l'angle sous lequel, placé au centre du Soleil, un observateur verrait le rayon de la Terre, le segment reliant le centre des deux astres étant perpendiculaire au rayon terrestre. La parallaxe horizontale du Soleil vaut 8,794″.

On peut donc conclure qu'il a effectué ses calculs avec une valeur de la parallaxe d'environ 15″, valeur proposée plus tôt par l'astronome belge G. Wendelin (1635) et les astronomes anglais J. Horrocks (1638) et T. Streete (1661) [16]. Ce n'était pas

15. Albert Van Helden, « Rømer's speed of light », *Journal for the History of Astronomy*, **14**, n°40, 1983, p. 137-141.

16. Albert Van Helden, *Measuring the universe,* University of Chicago Press, 1985.

la valeur retenue par Cassini et Richer à partir de la mesure de la parallaxe de Mars – mesure réalisée grâce aux observations effectuées à Paris et à Cayenne auxquelles Rømer avait participé – puisque Cassini en tira une parallaxe de 9,5″ (beaucoup plus proche de la réalité connue aujourd'hui). En rapportant que la Terre se déplace d'« au moins 210 » de son diamètre en 42,5 heures, Rømer nous permet de reconstituer le cheminement de son calcul et surtout la donnée initiale grâce à laquelle il a pu aboutir à ce résultat, à savoir sa valeur de la parallaxe solaire.

En définitive, Rømer avait-il la possibilité de calculer la vitesse de la lumière (ce qu'il n'a pas fait, rappelons-le) ? Oui, pour peu qu'il eût eu la valeur du rayon terrestre. Or, il écrit au début de son mémoire que la grandeur du diamètre de la Terre est de 3 000 lieues environ, soit 6 675 km (*cf.* encadré Picard, ci-dessus). La distance Terre-Soleil ayant été évaluée à 13 787 rayons terrestres, et la lumière franchissant le double de cette distance en 22 minutes, cela nous mène à une vitesse de 139 437 km/s : cette valeur est effectivement largement sous-estimée par rapport à la valeur « moderne ».

Réception et distorsion des travaux de Rømer par ses contemporains

J. D. Cassini, qui dans un premier temps avait soutenu l'hypothèse de la vitesse finie de la lumière pour expliquer les inégalités du premier satellite de Jupiter, s'y opposa ensuite notamment parce qu'il apparaissait que ce phénomène n'était pas présent pour les trois autres satellites joviens. « [...] l'on n'est pas certain, écrivit-il, que cette inégalité de temps ne soit pas produite ou par l'excentricité du Satellite, ou par l'irrégularité de son mouvement, ou par quelqu'autre cause jusques ici inconnuë, dont on pourra s'éclaircir avec le temps [17]. »

Fontenelle, qui lui aussi était séduit par l'hypothèse de Rømer, s'en détourna ensuite puisque « il paroît donc qu'il faut renoncer, quoique peut-être avec regret, à l'ingénieuse & séduisante hypothêse de la propagation successive de la lumière... À

17. Cité dans I. B. Cohen, *op. cit.*, p. 347.

quoi tient-il que nous ne tombions pas dans de grandes erreurs ! Si Jupiter n'eût qu'un Satellite, & si son excentricité à l'égard du Soleil eût été moindre, & ces deux choses-là étoient fort possibles, nous serions tenus sûrs que la lumière traversoit en 14′ l'Orbe de la Terre [18]. »

Il y eut donc une certaine résistance à cette nouvelle idée en France, mais il n'en fut pas de même à l'étranger. Le mémoire de Rømer fut traduit en anglais dans les *Philosophical Transactions* en 1677 [19]. Newton, Molyneux, Flamsteed ou encore Halley acceptèrent immédiatement la conclusion de Rømer. Dans la première édition de ses *Principia* en 1687, Newton utilisa d'ailleurs la valeur de 22 minutes rapportée par Rømer. Dans la première édition de son ouvrage *Opticks*, en 1704, il utilisa une valeur plus faible de 16 minutes, de même que dans les éditions successives des *Principia*, sûrement à la suite de ses propres calculs. Compte tenu du fait que Newton prit une valeur de la parallaxe solaire proche de 10″, cela mène au bout du compte au bon ordre de grandeur de la vitesse de la lumière.

Hooke fut le seul à ne pas partager l'avis de ses compatriotes. Il continua à soutenir le mouvement instantané de la lumière car « [...] supposing this may prove it to be temporary, and not instantaneous, yet we find that 'tis so exceeding swift that 'tis beyond imagination [20] ».

Huygens, en Hollande, eut connaissance du mémoire de Rømer par l'intermédiaire de la traduction anglaise, et il lui envoya immédiatement une lettre lui demandant plus d'informations. De fait, ce sera Huygens qui le premier présentera un calcul plus explicite de la vitesse de la lumière, dans son livre *Traité de la lumière,* lu devant l'Académie des sciences en 1678 et publié finalement en 1690. Il est utile pour notre propos de reproduire le passage dans lequel Huygens déroule son calcul :

Que si l'on considère la vaste étendue du diamètre KL [dia-

18. Cité dans I. B. Cohen, *op. cit.*, p. 349.

19. Le mémoire parut dans le vol XII, n°136, du 25 juillet 1677.

20. Robert Hooke, *Lectures on light,* in *The posthumous works of Robert Hooke,* London, 1690, p. 78.

> mètre de l'orbite terrestre], *qui selon moi est de quelque 24 mille diamètres de la Terre, l'on connaîtra l'extrême vitesse de la lumière* [suivent divers calculs non reproduits ici]. *Mais le Son, comme j'ai dit ci-devant, ne fait que 180 toises dans le même temps d'une seconde : donc la vitesse de la lumière est plus de six cent mille fois plus grande que celle du son : ce qui pourtant est tout autre chose que d'être momentanée, puisqu'il y a la même différence que d'une chose finie à une infinie. Or le mouvement successif de la lumière étant confirmé de cette manière, il s'ensuit, comme j'ai déjà dit, qu'il s'étend par des ondes sphériques, ainsi que le mouvement du son*[21].

Huygens en arrive donc au résultat que la vitesse de la lumière est 600 000 fois plus grande que celle du son – soit de l'ordre de 200 000 km/s. C'est mieux – mais encore une fois nous voyons qu'à cette époque, ce ne sont pas les valeurs numériques absolues qui intéressent les savants, ce sont plutôt les rapports entre grandeurs de même nature.

Finalement, la découverte de Rømer n'a été universellement admise que lors de la découverte par Bradley de l'aberration des étoiles en 1729[22]. Bradley eut le privilège de démontrer d'un coup deux hypothèses fondamentales, à savoir l'héliocentrisme et le mouvement successif de la lumière.

Distorsion ultérieure des travaux de Rømer

Il nous faut maintenant aborder un dernier point important. En recherchant des informations sur Internet à propos de Rømer et la vitesse de la lumière, nous ne pouvons qu'être surpris à la lecture des valeurs de la vitesse de la lumière que l'on prête à Rømer, valeurs variant dans un large intervalle. Un coup d'œil dans la littérature contemporaine nous confronte à ce même

21. Christiaan Huygens, *Traité de la lumière,* P. Vander, Leide, 1690. Éd. Dunod, 1992, p. 56.

22. James Bradley, *Letter to Edmond Halley giving an account of new discovered motion of the fix'd stars,* Phil. Trans., vol. 35, n°406, p. 637-661, 1729.

problème[23]. Le physicien polonais Andrzej Wroblewski s'est amusé à recenser les différentes valeurs imputées à Rømer – essentiellement dans la littérature anglo-saxonne –, ainsi que la date de sa « découverte »[24]. Le résultat est édifiant. Comment et quand cette distorsion de l'histoire est-elle apparue ? Boyer, dans son article *Early estimates of the velocity of light,* a justement porté son attention sur la dispersion des valeurs de la vitesse créditées à Rømer – ainsi que pour le temps de trajet entre le Soleil et la Terre – dans les ouvrages d'histoire des sciences, d'astronomie, de physique ou d'optique dans la période 1850-1940. Le constat était déjà identique à celui de Wroblewski. Qu'en est-il de la période plus proche de celle de la publication de Rømer ? Déjà Fontenelle pensait bien faire en écrivant dans son *Histoire de l'Académie Royale des Sciences* qu'« il suit des observations de M. Roëmer que la lumière dans une seconde de temps fait 48 203 lieues communes de France, et 377/1141 parties d'une de ces lieues. »

Il en est de même de Priestley ou de l'article « Lumière » de l'*Encyclopédie* de Diderot et d'Alembert[25]. Une telle ambiguïté sur la façon dont les auteurs ont rapporté la découverte de Rømer a initié cette dérive que l'on constate encore à l'heure actuelle. Dans un livre du mathématicien français Joseph Bertrand, publié en 1869 et intitulé L'*Académie des Sciences et les Académiciens de 1666 à 1793,* nous pouvons lire que « Rømer, en effet, a mesuré le premier la vitesse de la lumière, à laquelle Picard, par une voie toute différente, avait touché de si près[26] »,

---

23. Quelques exemples : Simon Singh, *L'histoire du Big Bang*, Jean-Claude Lattès, 2005, p. 96 ; Hans Breuer, *Atlas de la physique*, Le Livre de Poche, 1997, p. 165 ; Colin Ronan, *Histoire mondiale des sciences*, Seuil, 1988, p. 497 ; Bernard Maitte, *La lumière*, Seuil, 1981, p. 96 ; Isaac Asimov, *La conquête du savoir*, Marabout, 1982, p. 227 ; Marie-Antoinette Tonnelat, in *Encyclopedia Universalis,* article *Lumière* (tome 14), p. 41...

24. Andrzej Wroblewski, « de Mora Luminis : A spectacle in two acts with a prologue and an epilogue », *Am. J. Phys.,* **53** (7), July 1985, p. 620-630.

25. C. Boyer, *op. cit.*, p. 30 & 34.

26. J. Bertrand, *L'Académie des Sciences et les Académiciens de 1666 à 1793*, J. Hetzel, Paris, 1869, p. 29.

sans d'ailleurs que Bertrand s'explique sur cette méthode de Picard.

Dans le volume 8 des *Œuvres Complètes de Christiaan Huygens*, publié en 1899, on peut lire en note à la correspondance entre Rømer et Huygens : « [...] Römer [...] célèbre par la première détermination de la vitesse de la lumière [27]. » Les lettres échangées entre ces deux savants étant en latin, on peut considérer que certains lecteurs n'ont retenu que cette phrase sans avoir pu lire le contenu des lettres. Les glissements de sens se logent dans ce type de phrase qui sont de signification claire dans l'esprit de leur auteur, mais ne le sont plus pour un lecteur non initié. Dans un article très détaillé sur Rømer paru en 1913, l'historienne danoise Kirstine Meyer écrit : « Jusqu'à ce jour, tout le monde a su qu'Ole Rømer avait découvert le "retardement" de la lumière et mesuré le premier sa vitesse de propagation ; mais les observations sur lesquelles se basait sa découverte avaient disparu [28]. » Effectivement, K. Meyer a étudié des manuscrits retrouvés de Rømer, mais ces documents ne contiennent pas non plus de calcul explicite de la vitesse de la lumière. On peut lui accorder le fait que l'opinion commune attribuait ce calcul à Rømer, comme on l'a vu plus haut, mais elle ne revient malheureusement pas sur cette affirmation dans son article pour lever le doute. L'ambiguïté est encore plus profonde par la réunion de cause à effet de la découverte du « retardement » de la lumière et celui de mesure de la vitesse de propagation. Ce genre d'ambiguïté se retrouve même sur la plaque commémorative scellée sur le mur nord du bâtiment Perrault de l'Observatoire de Paris, où il est inscrit « L'astronome danois Olaus Römer 1644-1710 a découvert la vitesse de propagation de la lumière à l'Observatoire de Paris en 1676 [29]. »

---

27. *Œuvres Complètes* de Christiaan Huygens, Société Hollandaise des Sciences (22 vol., La Haye, 1888-1950). La citation est tirée du vol. 8, note 1 de la page 30.

28. Kirstine Meyer, *Rømer*, Dansk Biografisk Leksikon, 20, (Copenhagen, 1941), p. 392-400.

29. Il est pourtant précisé dans le premier numéro du *Magazine de l'Observatoire de Paris* (printemps 2005), à propos de cette plaque, que le résultat

Fig. 4. Plaque commémorative dédiée à Rømer scellée sur le mur nord du bâtiment Perrault de l'Observatoire de Paris.

On peut comprendre qu'une personne, en voulant s'informer, ait repris une information erronée parmi toute cette littérature secondaire et l'ait transmise, et que cette distorsion se soit imposée à l'instar de la pomme de Newton ou de la baignoire d'Archimède [30]. Nous ne pouvons pas contrôler chaque source, et nous sommes bien obligés de faire confiance. Mais il est maintenant aisé, grâce aux programmes de numérisation, d'avoir accès directement aux sources qui, il y a seulement quelques années, étaient difficilement consultables. Pourtant, force est de constater que l'erreur commise à propos de Rømer et de son prétendu calcul de la vitesse de la lumière perdure. Laissons le mot de la fin à Boyer :

> *Such a state of affairs can not but impress one with the need of exercising caution in the history of science in citations of numerical values as well as of dates of events* [31].

des travaux de Rømer conclut à la finitude de la vitesse de la lumière. Sage précision...

30. Sven Ortoli & Nicolas Witkowski, *La baignoire d'Archimède*, Seuil, 1998.

31. C. Boyer, *op. cit.*, p. 29.

Newton et la naissance de la théorie des couleurs

Claude Guthmann

Fig. 1. *Timbre allemand (1993) et signature d'Isaac Newton.* Sur le timbre, on reconnaît la loi de la dynamique $F = m\gamma$ (exprimée sous la forme $m\,\Delta v = F\,\Delta t$), ainsi que la décomposition spectrale de la lumière, dont il est question ici.

La lettre du 6 février 1672 constitue la première publication des découvertes de Newton sur la décomposition de la lumière blanche par le prisme et la théorie des couleurs qu'il a élaborée à partir de celles-ci.

> *Après avoir obscurci ma chambre et pratiqué un petit trou dans mes volets* [...]

Voici le décor planté par Newton pour son expérience et sa théorie sur la lumière et les couleurs. Il place un prisme en verre contre le trou et observe la réfraction de la lumière blanche sur le mur opposé. Il voit les couleurs dispersées et s'étonne de les voir former une figure oblongue ; il s'attendait, dit-il, à les voir circulaires, comme la forme du trou. Nous savons aujourd'hui que ce qu'il voit est la somme d'une infinité d'images circulaires du soleil correspondant aux diverses « couleurs » réfractées différemment par le prisme dans la direction perpendiculaire à son arête. Si les couleurs étaient toutes réfractées de la même manière, en une image circulaire du trou, il n'y aurait pas de séparation des couleurs ! Et il observe un spectre coloré cinq fois plus long que large – une forme oblongue ou elliptique au lieu d'être circulaire.

Newton se met alors à chercher l'origine du phénomène. Il écarte les effets de géométrie du trou ou de variation d'épaisseur du verre :

> *J'avais du mal à penser que l'Épaisseur variable du verre, ou la terminaison en ombre ou obscurité puissent avoir tant d'influence sur la lumière pour produire un tel effet; pourtant je n'écartai pas d'étudier en premier ces causes, et j'essayai ainsi de voir ce qui arrivait en envoyant la lumière à travers des morceaux de verre de différentes épaisseurs, ou à travers des trous de la fenêtre de diverses tailles, ou encore en disposant le Prisme de façon à ce que la lumière le traverse et soit réfractée avant de passer par le trou : mais je trouvai qu'aucune de ces causes n'étaient plausibles. L'apparence des couleurs était identique dans tous les cas.*

Sa démarche suivante, pour tester l'idée que les couleurs aient pu être dilatées, soit par une irrégularité du verre, soit par une autre anomalie contingente, sera de prendre un deuxième prisme identique au premier et de le placer tête-bêche après celui-ci pour obtenir l'effet inverse. Et, en effet, le faisceau lumineux de sortie est alors identique à l'incident, non dispersé :

> *La lumière diffusée par le premier Prisme selon une forme oblongue fut réduite par le deuxième à une forme circulaire, comme si elle ne les avait pas traversés.*

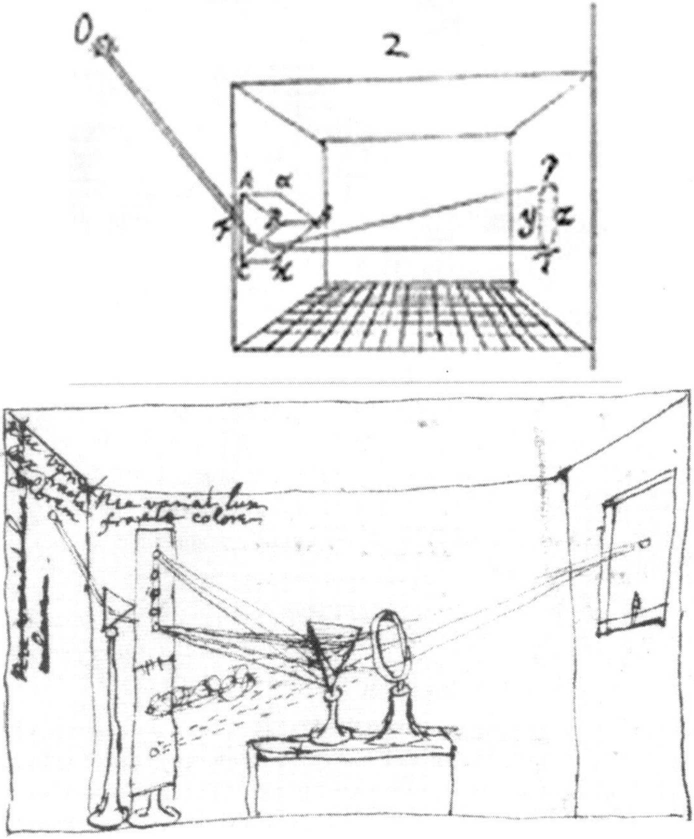

Fig. 2. *Dessins attribués à Newton. a*) *En haut.* C'est le schéma de l'expérience, le prisme est placé contre la fenêtre, et la tâche oblongue est observée sur le mur à droite. *b*) *En bas.* Le montage est un peu différent de celui de la lettre : le prisme est sur une table au lieu d'être placé contre le trou du volet, et l'image de celui-ci est renvoyée par une lentille sur le prisme. Sur l'écran à gauche, on voit aussi, entre les deux rayons extrêmes, la figure oblongue. La forme circulaire, correspondant au diamètre angulaire du Soleil (environ un demi degré, soit 30′) se transforme en cette forme cinq fois plus longue (2°49′ soit presque 3°). (*Ms. 361/2, fol. 45v, New College, Oxford.*)

Il en conclut que,

> *quelle que fût la cause de cet allongement, ce n'était pas une irrégularité contingente.*

Cela infirme notamment l'idée que la séparation des couleurs serait effective pour un certain prisme et non pour un autre. Nous dirions aujourd'hui que l'effet est reproductible.

Newton passe alors à une étude expérimentale plus quantitative. En mesurant les dimensions de l'image obtenue, il trouve que l'angle sous-tendu par l'image dilatée des couleurs vaut $2°49'$ alors que l'angle sous-tendu par sa largeur et qui correspond au diamètre apparent du soleil vaut $31'$. Il calcule alors la réfraction de deux rayons provenant de points diamétralement opposés du disque solaire et trouve que les rayons émergents doivent sous-tendre justement $31'$. En effet, il a pris des angles d'incidence et d'émergence du prisme égaux ($54°4'$), on est au minimum de déviation du prisme et des rayons d'incidence angulaire différente ressortiront quasiment du prisme avec la même différence angulaire.

> *Ayant fait ces observations, j'ai d'abord calculé à partir de celles-ci le pouvoir réfracteur du verre et l'ai trouvé égal au rapport des sinus, 20 sur 31.*

Pour cela, il a utilisé la loi des sinus : $n_1 \sin i_1 = n_2 \sin i_2$, où i_1 et i_2 sont respectivement les angles d'incidence et de réfraction à la surface de séparation de deux milieux d'indices n_1 et n_2.

L'indice ainsi déterminé par Newton est de 1,55, valeur tout à fait raisonnable pour du verre. Il recalcule alors directement les déviations de deux rayons d'incidence différant de $31'$ et il retrouve bien un angle de $31'$ entre les rayons émergents à la sortie du prisme. Il en conclut qu'un tel calcul ne donne pas les $2°49'$ observés, nettement plus importants.

Le minimum de déviation d'un prisme

Newton utilise un prisme d'angle au sommet (A ci-dessous) égal à 63°, et se place au minimum de déviation, c'est-à-dire l'angle d'incidence i qui rend la déviation D minimale.

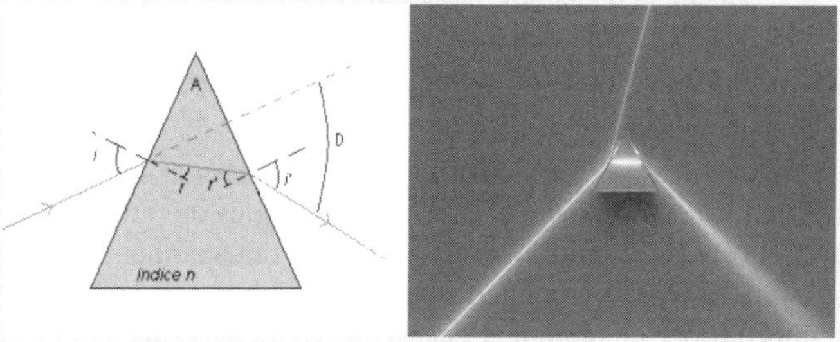

Fig. 3. *Réfraction de la lumière à travers un prisme.* À gauche, il s'agit d'une déviation importante du rayon initial, supérieure à 90°. (*Images Wikimedia Commons, auteurs dbfls* (à g.), *spigget* (à dr.).)

Nous ne donnons pas ici les équations de la déviation D en fonction de l'incidence i, assez complexes ; elles sont basées sur les trois formules $A = r + r'$ (géométrie très simple du triangle), $\sin i = n \sin r$, $\sin i' = n \sin r'$ (lois de Descartes), n étant l'indice de réfraction du verre.

Il existe un « minimum de déviation » pour un certain angle d'incidence i, dépendant de l'angle du prisme A. Dans ce cas, on se convaincra que la situation est symétrique en i et i' – si la lumière arrivait dans l'autre sens ce serait aussi un minimum, on a donc $i = i'$.

Le minimum de déviation a donc lieu pour un angle d'incidence tel que :

$$\sin i = n \sin(A/2).$$

Newton indique que son prisme a un angle $A = 63°12'$. Avec l'indice de réfraction qu'il calcule $n = 1{,}55$, le calcul donne l'incidence de déviation minimale à 54,2° (peu différente de la valeur donnée par Newton à 54,4°)[1].

1. On trouvera une simulation du minimum de déviation sur le site de l'Université de Nantes (`http://www.sciences.univ-nantes.fr/physique/perso/gtulloue/optiqueGeo/prisme/prisme.html`).

Il reprend alors son prisme et, le faisant tourner un peu dans les deux sens autour de son axe de façon à faire varier l'angle d'incidence de la lumière de 4 à 5 degrés, il observe que

> *les couleurs n'étaient pas sensiblement déplacées de leur position sur le mur et que donc la réfraction n'était pas sensiblement changée par cette variation d'incidence.*

La différence d'incidence des rayons provenant de diverses parties du soleil ne peut expliquer l'angle de 2°49′ observé : il faut donc trouver une autre raison. Newton se demande alors si les rayons, après leur trajectoire à travers le prisme, ne suivraient pas une trajectoire courbe, et si, selon leur plus ou moins grande courbure, ils n'atteindraient pas ainsi différents points du mur. Il se rappelle avoir vu une telle trajectoire suivie par une balle de tennis frappée en oblique. Ceci est en accord avec son hypothèse de la nature corpusculaire de la lumière : si les rayons de lumière pouvaient être des corps globulaires et qu'ils puissent acquérir, en passant d'un milieu à l'autre sous une incidence non normale à l'interface, un mouvement circulaire, alors ils pourraient subir une plus grande résistance de l'éther les environnant du côté où les mouvements s'additionnent, et donc être déviés vers l'autre côté. On voit aussi que, pour remplacer, dans le cas des corpuscules de lumière, l'air sur lequel peut frotter la balle de tennis, Newton a recours à l'éther cher aux physiciens de l'époque – milieu indépendant pour la propagation de vibrations, l'éther, invisible et néanmoins présent, joue un rôle prépondérant dans les théories vibratoires des XVIIe et XVIIIe siècles.

Mais, malgré la plausibilité de son hypothèse, Newton se range vite à l'évidence : il n'observe aucune courbure des rayons. Il réalise alors ce qu'il nomme l'*Experimentum Crucis*. Il dispose deux écrans, l'un d'eux très près derrière le prisme de la fenêtre, muni d'un petit trou par où peut passer la lumière qui aboutit sur le deuxième écran percé aussi d'un petit trou, pour qu'une partie de la lumière incidente le traverse. Il place alors un deuxième prisme derrière le second écran de façon à ce que la lumière, passant à travers les deux écrans, puisse aussi le traverser et soit ainsi de nouveau réfractée avant d'arriver sur le mur.

Le dessin ci-dessous schématise ce dispositif :

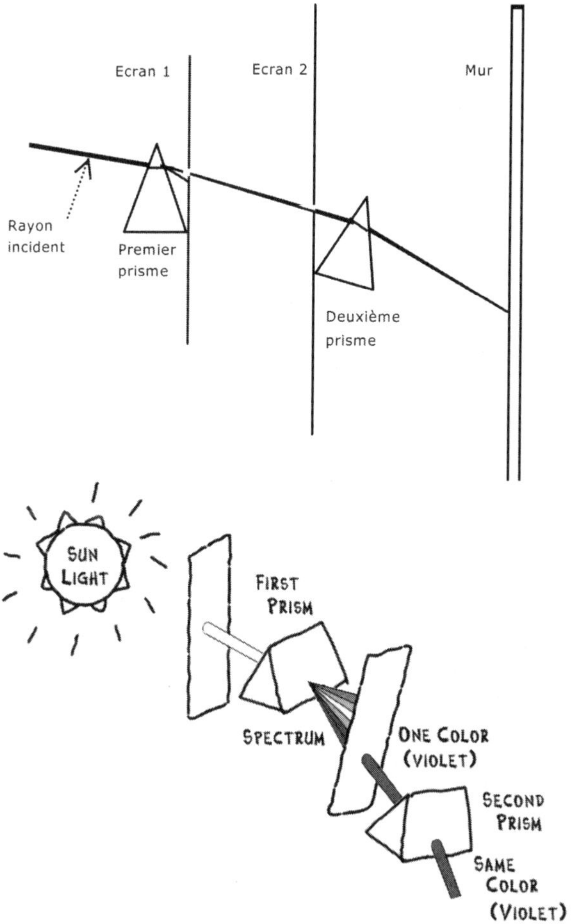

Fig. 4. *L'« Experimentum crucis »*. En haut, schéma du dispositif expérimental de Newton (illustration de l'auteur). En bas, résultat stylisé, en couleurs (schéma Michigan State University). La partie de gauche de la figure 2*b* ci-dessus (dessin de Newton) figure elle aussi l'*Experimentum Crucis* : seul un trou est percé sur l'écran, laissant passer une couleur, qui passe à travers un second prisme, sans que la lumière blanche ne soit reconstituée.

Newton fait alors tourner le premier prisme

> *pour faire passer les diverses parties de l'Image, projetée sur le second écran, successivement à travers le trou de cet écran de façon à (lui) permettre d'observer les positions sur le mur où le second prisme les réfracte.*

C'est à dire qu'il sélectionne par le second trou une partie des couleurs séparées par le premier prisme. Et lorsqu'il déclare avoir vu que

> *la lumière, déviée vers l'extrémité de l'Image vers laquelle la réfraction due au premier Prisme la plaçait, subissait dans le second Prisme une Réfraction considérablement plus grande que la lumière déviée vers l'autre extrémité,*

cela signifie que le violet est plus dévié que le rouge aussi bien dans le second que dans le premier prisme. Et Newton d'en conclure que la vraie cause de l'allongement de l'image était la suivante : la lumière est constituée de plusieurs rayons réfractés différemment. Il a parfaitement raison, nous le savons bien maintenant, mais l'expérience n'est pas si cruciale qu'il le dit. En fait, l'expérience a juste montré que tous les rayons également réfractés ont la même couleur invariablement et que des rayons différemment réfractés sont de couleurs différentes ou, pour résumer, que les prismes dévient toujours plus le violet que le rouge. C'est l'intuition géniale de Newton que de reconnaître là que ce n'est pas une propriété intrinsèque des prismes mais que la lumière blanche est composée de radiations de « couleurs » différentes. Nous disons aujourd'hui que la lumière blanche est la résultante de radiations de fréquences différentes et que le prisme en réalise une décomposition spectrale. Au fond, Newton a proposé un modèle qui est en accord avec l'expérience. Ce modèle s'imposera au cours des années par le nombre de conséquences physiques qu'il entraîne et qui seront toujours vérifiées.

Quant au modèle corpusculaire de la lumière, qui est différent du modèle ondulatoire de Huygens et qu'il a évoqué précédemment, il n'est en accord qu'avec la réflexion et la réfraction de la lumière. Il ne sera confirmé qu'en 1905, dans un cadre théorique fort différent, dans l'article d'Einstein interprétant l'effet photo-électrique et présentant pour la première fois le caractère ondulatoire et corpusculaire des quantas de lumière, appelés plus tard photons.

L'aberration chromatique

Revenons aux conséquences immédiates que tire Newton de sa découverte. Il écrit :

> *Quand j'eus compris ceci, je laissai de côté mes travaux de polissage de Verre mentionnés plus haut ; car je voyais que la perfection des Lunettes astronomiques était jusqu'ici limitée non tant par le besoin d'éléments parfaitement réalisés selon les prescriptions des Auteurs de l'Optique, (ce que tout le monde pensait jusqu'alors) que parce que la Lumière était un mélange Hétérogène de Rayons différemment réfrangibles. De sorte qu'un verre parfaitement taillé pour faire converger une certaine sorte de rayons en un point ne pourrait y faire converger les rayons de même Incidence sur le même Milieu mais qui seraient aptes à subir une réfraction différente.*

C'est une excellente définition de ce que nous appelons aujourd'hui l'aberration chromatique. Et si, à la suite de cette remarque, on sut peu de temps après la mort de Newton à peu près la corriger dans les ensembles optiques nommés achromats, association de lentilles d'indices différents collées entre elles, il n'en est pas encore ainsi en 1672. Et Newton fait aussitôt une proposition pour pallier cela : réaliser les optiques par réflexion. En effet, *l'Angle de Réflexion de toutes les sortes de Rayons est égal à leur Angle d'incidence*, dit-il. Pour

> *amener les instruments d'Optique à tout degré imaginable de perfection,*

il faut donc trouver

une substance Réfléchissante qui pourrait se polir aussi finement que le Verre et qui réfléchirait autant de lumière que le Verre en transmet et qu'on parvienne à lui donner une forme Parabolique.

Cette dernière exigence vient pour assurer le stigmatisme du miroir pour des rayons venant de l'infini.

Et deux ans après il réalise, grâce à une méthode simple de polissage, adaptée aux métaux, un télescope à miroir métallique :

je parvins petit à petit à parfaire un Instrument (identique à l'essentiel à celui que j'ai envoyé à Londres) avec lequel je pus discerner 4 Satellites de Jupiter et les montrai plusieurs fois à deux personnes de ma connaissance.

Il envisage aussi la réalisation d'un microscope à optique à réflexion, toujours pour s'affranchir de l'aberration chromatique.

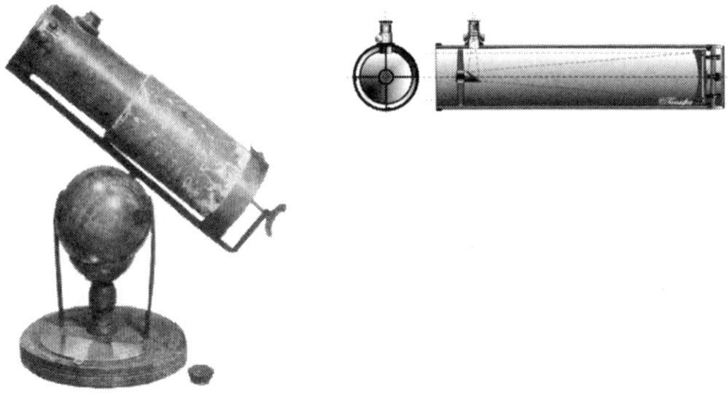

Fig. 5. *Le télescope de Newton, 1672 (à g.) et schéma des rayons lumineux à l'intérieur (à dr.).* On distingue en haut à gauche l'oculaire, perpendiculaire au tube optique. Le télescope fonctionne par réflexion sur un miroir parabolique (au fond à droite), à l'inverse des lunettes astronomiques où les rayons sont réfractés sur des lentilles. *(Dessin de droite, Wikimedia Commons, auteur Szöcs Tamás.)*

Une théorie des couleurs en treize points

Après cette digression sur l'aberration chromatique des optiques, Newton revient à son sujet. Il tient pour acquis dès lors que

> *la lumière n'est pas homogène mais est constituée par des Rayons distincts, certains d'entre eux étant plus réfrangibles que d'autres.*

Il va ensuite appliquer cela à une théorie des couleurs en treize points, suivie d'exemples d'expériences.

1°) Les rayons de lumière diffèrent non seulement par leur degré de réfrangibilité, mais par leur couleur.

> *Les Couleurs ne sont pas des propriétés de la lumière, dérivées des réfractions, ou des réflexions sur des corps naturels (comme on le croit généralement).*

En outre, il n'y a pas seulement des rayons particuliers pour les couleurs les plus importantes mais au contraire il en est pour tous les stades intermédiaires. Nous dirions aujourd'hui : la réfraction de la lumière par une substance donnée dépend de la couleur.

2°) *À une couleur donnée correspond strictement un degré donné de réfraction. Les Rayons les moins réfrangibles sont de couleur rouge, et réciproquement les Rayons qui sont de couleur rouge sont les moins réfractés. Ainsi les Rayons les plus réfractés présentent une Couleur Violette, et réciproquement ceux qui présentent une telle couleur violette sont les plus réfractés. Et il en va ainsi pour toutes les couleurs intermédiaires en une série continue correspondant à des degrés intermédiaires de réfraction.*

3°) *La couleur et le degré de réfraction propre à une espèce particulière de rayons ne sont pas modifiables par réfraction ni par réflexion sur des matériaux naturels, ni par aucune autre cause que j'ai pu observer jusqu'ici. Quand une certaine* *sorte de rayons a été bien séparée de ceux d'un autre genre, elle conserve après cela sa couleur, quels qu'eussent été mes efforts pour la changer. Je l'ai fait réfracter par des prismes, et se réfléchir sur des corps qui, à la lumière du jour, étaient d'autres couleurs ; je l'ai fait traverser le film coloré d'air compris entre deux plaques de verres très serrées ; je l'ai fait traverser des milieux colorés, et des milieux irradiés par d'autres sortes de rayons, se terminant diversement ; et pourtant je n'ai jamais pu obtenir une nouvelle couleur. En se contractant ou se dilatant, le faisceau pouvait devenir plus intense ou plus atténué, et, en perdant de nombreux rayons, devenir dans certains cas très obscur et sombre ; mais je ne le vis jamais changer de couleur.*

Newton insiste sur le caractère intrinsèque de la propriété de couleur. À l'appui de ses dires, il cite de nombreuses expériences.

4°) On peut obtenir des couleurs différentes par mélange de rayons de couleurs données. En additionnant des rayons de différentes couleurs, on obtient une couleur intermédiaire. Laquelle peut de nouveau être décomposée par réfraction, par exemple, pour retrouver les rayons de couleurs originaux la composant. Et Newton cite l'analogie de poudres bleues et jaunes qui, mélangées, apparaissent vertes à l'œil nu et pourtant, vues au microscope, sont juxtaposées mais toujours bleues et jaunes.

5°) *Il y a donc deux sortes de couleurs. Les unes originales et pures, les autres composées de celles-ci. Les couleurs originales ou primaires sont le Rouge, le Jaune, le Vert, le Bleu et un Violet-pourpre, auxquelles s'ajoutent l'Orange, l'Indigo et un nombre indéterminé de variétés Intermédiaires.*

Voici posées les bases de la théorie des couleurs.

6°) Ce paragraphe complète le précédent. Il énonce que, si on compose deux couleurs peu éloignées dans la série de celles

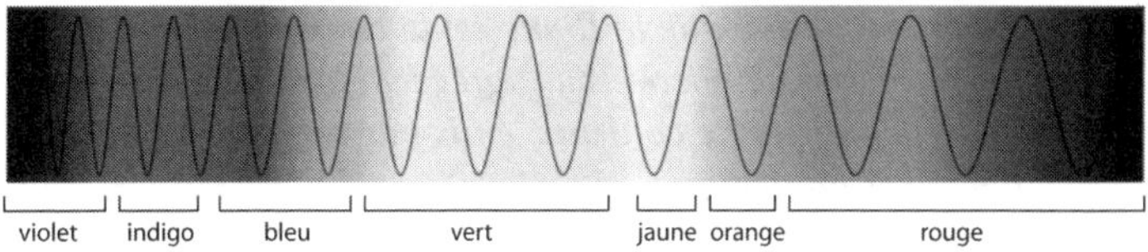

Fig. 6. *Le spectre de la lumière visible.* La décomposition de Newton en sept couleurs originales est arbitraire, correspondant à peu près aux couleurs visibles à l'œil nu. On sait maintenant que le spectre lumineux est continu, correspondant à la continuité des fréquences électromagnétiques de 400 nm (violet, à gauche) à 700 nm (rouge, à droite).

séparées par le prisme, on obtient alors la couleur apparaissant dans la série précédente au milieu de ces deux couleurs.

7°) La recomposition de toutes les couleurs primaires fournit de la lumière blanche. En les faisant converger, les mélangeant à nouveau comme dans la lumière originale, on obtient une lumière blanche, fait que Newton ne peut s'empêcher de trouver *surprenant et merveilleux*. Il remarque aussi que la lumière blanche ainsi obtenue n'est pas différente de la lumière du soleil, à moins qu'un des verres utilisés dans l'optique de convergence ne soit un peu teinté, ce qui colore alors légèrement la lumière recomposée.

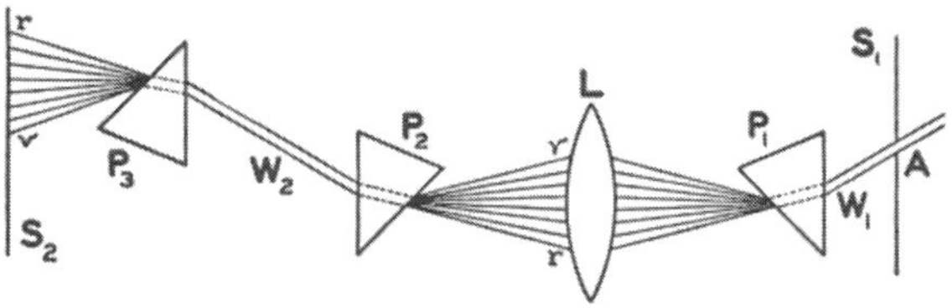

Fig. 7. *Recomposition de la lumière.* La lumière arrive de droite (W_1), est décomposée par le prisme P_1. La lentille L la refocalise sur le prisme P_2, placé de manière totalement symétrique à P_1. Le prisme P_2 recompose la spectre coloré en une lumière blanche W_2 analogue à W_1. Ce faisceau peut de nouveau être décomposé sur le prisme P_3, de façon à faire apparaître les couleurs sur l'écran, de violet (le plus réfracté, en bas) à rouge (le moins réfracté, en haut). (*Image Appalachian State University.*)

8°) *Il apparaît donc que le Blanc est la couleur usuelle de la lumière ; car la lumière est un agrégat désordonné de rayons de toutes sortes de couleurs, émis par les diverses parties des corps lumineux.*

Cette phrase qui nous paraît un peu naïve pourrait s'énoncer de nos jours : la lumière blanche a un spectre allant du violet au rouge.

9°) À partir des énoncés précédents, Newton donne l'interprétation de la séparation des couleurs par le prisme :

> *Car comme les rayons constituant la lumière incidente diffèrent de couleur proportionnellement à leur différence de réfrangibilité, ils seront, grâce à leurs réfractions inégales, séparés et dispersés selon une forme oblongue en une série ordonnée allant de l'Écarlate le moins réfracté jusqu'au Violet le plus réfracté.*

Nous dirions aujourd'hui que l'indice du verre du prisme est une fonction de la longueur d'onde, c'est-à-dire de la couleur. À chaque longueur d'onde correspond donc une déviation différente par le prisme.

10°) Newton donne alors une explication de l'arc-en-ciel. Nous savons maintenant que

a) La lumière réfractée en pénétrant dans la goutte, subit ensuite une réflexion partielle à l'arrière de celle-ci (point B sur la figure 8 ci-après) et est réfractée à nouveau en sortant (point C). La déviation qui en résulte est plus forte pour le violet que pour le rouge. C'est l'origine de l'arc primaire, le plus intense, qui occupe une bande angulaire de 40° à 42° dans la direction opposée au soleil.

b) Il peut se produire une double réflexion de la lumière du soleil à l'intérieur des gouttes de pluie. Il apparaît alors sous un angle de 50° à 53° un arc secondaire. En raison de la réflexion supplémentaire, l'arc est moins lumineux et l'ordre des couleurs est inversé par rapport à l'arc primaire, le bleu à l'extérieur étant moins dévié que le rouge à l'intérieur.

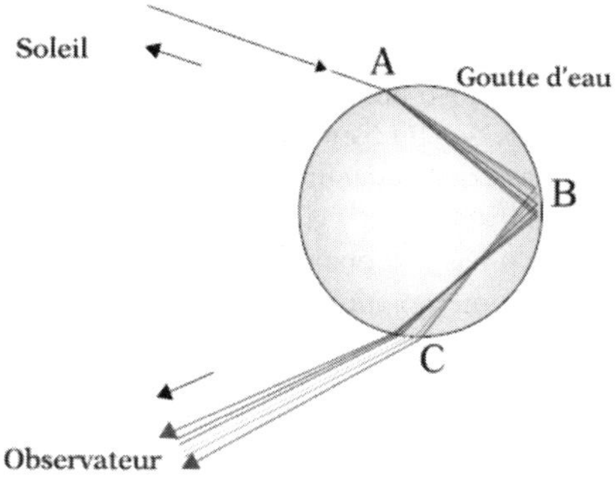

Fig. 8. *La goutte d'eau se comporte comme un prisme.* À noter qu'en B sortent aussi des rayons réfractés de la goutte (non représentés ici) : c'est le phénomène opposé à A qui se produit, la lumière blanche se reconstitue en un faisceau unique. En revanche, la sortie de goutte en C sera différente de la sortie de goutte en B : après la première réflexion en B, la réfraction en C sera différente suivant les couleurs, le faisceau lumineux unique n'est pas reconstitué.

> *Les couleurs de l'*Arc-en-ciel *qui apparaissent dans les gouttes de pluie s'expliquent aussi par ce qui précède. Car, ces gouttes, qui réfractent les Rayons destinés à apparaître violets avec une plus forte déviation vers l'œil de l'observateur, réfractent les Rayons d'autre sorte beaucoup moins, les faisant passer à côté du pourpre ; et ce sont les gouttes correspondant à l'intérieur de l'Arc* Primaire *et à l'extérieur de l'Arc* Secondaire *ou externe. Et les gouttes qui réfractent les Rayons rouges vers l'œil de l'observateur réfractent ceux d'une autre sorte beaucoup plus, jusqu'à les faire passer à côté du rouge ; et ce sont les gouttes correspondant à la partie extérieure de l'Arc* Primaire *et à la partie intérieure de l'Arc* Secondaire.

Cet énoncé, quoique essentiellement juste, est un peu compliqué et il laisse à penser que les gouttes de pluie ne réfractent et ne réfléchissent la lumière pas toutes de la même façon, ce qui est contraire à la réalité.

11°) Quand des substances réfléchissent une longueur d'onde (une *sorte de lumière*, dit Newton) et en transmettent une autre, leur couleur variera selon leur position par rapport à la source lumineuse et l'observateur. Ainsi une infusion du bois *Lignum Nephreticum* a un aspect opale changeant selon l'angle d'éclairage. Il en est de même pour des feuilles d'or et des fragments de verre colorés.

12°) Une expérience due à Hooke consistait à coller l'un contre l'autre deux récipients en verre en forme de coins contenant l'un un liquide rouge, l'autre un liquide bleu et à observer que l'ensemble ne transmet plus la lumière. Newton l'interprète parfaitement en disant que

> *si l'un (des coins) transmettait le rouge seulement et l'autre le bleu seulement, aucun rayon ne pouvait traverser l'ensemble des deux.*

En effet, le coin rouge absorbe toute radiation qui n'est pas rouge et cette dernière ne sera pas transmise par le coin bleu qui absorbe toute radiation qui n'est pas bleue.

13°) *Je conclurais avec un fait plus général, à savoir que les Couleurs de tous les Corps naturels n'ont pas d'autre origine que cela, que ces corps reflètent à des degrés différents une sorte de lumière plutôt qu'une autre.*

Toute la théorie des couleurs tient dans cet énoncé. Et Newton apporte à l'appui de ses dires le résultat de ses expériences en chambre noire. Il a éclairé divers corps avec des lumières de diverses couleurs et ceux-ci sont toujours apparus de la couleur de la lumière les éclairant

> *à ceci près qu'il est plus vif et brillant dans la lumière de la couleur qui est la sienne à la lumière du jour.*

Il cite alors les exemples du Minium et du Bleu d'Azurite, situé chacun à une extrémité du spectre des couleurs.

Fig. 9. *À gauche, minerai d'azurite ; à droite, poudre de minium.* L'azurite (de couleur bleue) est un carbonate de cuivre connu depuis l'Antiquité – on en a trouvé des traces dans des pots égyptiens à onguents. Le minium (de couleur rouge vermillon) est un tétroxyde de plomb de formule Pb_3O_4, lui aussi connu comme pigment de peinture murale de longue date. (*Images Wikimedia Commons, à gauche auteur Rob Lavinsky, à droite auteur bxxxd.*)

Et donc, pour tous les corps,

> *cela est manifestement la cause entière et satisfaisante de leurs couleurs, puisqu'ils n'ont aucun pouvoir de changer ou d'altérer les couleurs de n'importe quelle sorte de rayons incidents séparément, mais de toutes les couleurs, avec lesquels ils sont illuminés.*

Newton tire ensuite argument de ce que les couleurs soient des qualités, c'est-à-dire des propriétés de la lumière pour en inférer que celle-ci est bien une substance. Ceci est en accord avec une conception corpusculaire de la lumière. Mais il ajoute aussitôt que *déterminer plus absolument ce qu'est la lumière, de quelle manière elle se réfracte, et de quelle façon elle produit dans nos esprits les sensations des couleurs est loin d'être aisé.*

Il en vient à la description de son expérience finale. Il utilise toujours dans une chambre obscure un orifice percé dans un volet qui laisse entrer la lumière du soleil. Un prisme est placé contre l'orifice d'entrée de la lumière pour former une image oblongue colorée sur le mur opposé de la pièce. On place alors sur le trajet des rayons de différentes couleurs une lentille convergente dont l'ouverture (15,2 cm) est assez grande pour capter tous ces rayons réfractés et qui les fait converger en son foyer situé à environ un quart de mètre plus loin. Sur un écran constitué par une feuille de papier blanc placé en ce point, on observera une tache de lumière blanche due au mélange des couleurs réfractées. En déplaçant autour du foyer cet écran, on pourra voir

> *à quelle distance la tache blanche est la plus parfaite, mais encore* [...] *comment les couleurs se rejoignent graduellement et se fondent dans la tache blanche et qu'après s'être croisées ensuite les unes les autres à l'endroit où elles ont reformé la lumière blanche, elles se séparent de nouveau, et dans l'ordre inverse redonnent les mêmes couleurs qu'elles avaient avant d'être composées.*

On pourrait considérer que cette expérience a aussi un caractère « crucial », au sens de Newton, mais il n'en fait point la remarque. Il décrit tous les paramètres de l'expérience avec une grande précision et insiste sur la nécessité d'avoir une pièce extrêmement noire pour éviter toute lumière diffusée parasite qui pourrait fausser la séparation des couleurs.

Conclusion

Nous voici à la fin de cette lettre étonnante. Newton a introduit l'équivalence entre couleur des rayons et leur degré divers de réfrangibilité dans un milieu d'indice donné. Il a donné une théorie cohérente des couleurs des corps naturels, dues à une réflexion sélective qu'il a démontrée en projetant successivement, dans la chambre noire, les diverses couleurs simples sur les corps étudiés. En outre sa découverte fera le lit de la spectroscopie, branche capitale de la physique moderne. Enfin, il n'a pas craint de l'appliquer à un problème pratique, celui de la limitation de la résolution des appareils d'optique par ce que nous appelons aujourd'hui l'aberration chromatique. Et il conçut et construisit pour s'affranchir de celle-ci le premier télescope du type à réflexion qui porte aujourd'hui son nom.

En conclusion notons combien cette lettre où Newton rapproche de façon extraordinairement précise et claire hypothèse et expériences est une illustration parfaite de la méthode expérimentale. Et il n'eut ainsi aucune peine à réfuter les critiques que sa théorie suscita à l'époque, en particulier de la part de Huygens[2].

2. Voir notamment L. Rosenfeld, *Isis*, Vol. 9, No. 1 (Feb. 1927), p. 44-65.

Thomas Young et la théorie ondulatoire de la lumière

Riad Haidar

Thomas Young est considéré comme un génie polymathe, aussi doué pour les langues que pour les sciences. Fondateur de l'optique physiologique et père de la théorie ondulatoire de la lumière, il est également le premier à déchiffrer certains hiéroglyphes égyptiens.

Fig. 1. Thomas Young, 1773-1829 (d'après un portrait peint par Sir Thomas Lawrence, 1769-1830)

Il naît le 13 Juin 1773, à Milverton, dans le Somerset, de l'union de Sarah Davis et de Thomas Young, un marchand d'habits et un banquier prospère. Peu après sa naissance, il est confié à son grand-père maternel Robert Davis, qui l'élèvera à Minehead, un petit village situé à quelques kilomètres de la maison familiale.

Le jeune Thomas est un élève extraordinairement doué. Il apprend seul dans les livres, épuisant chaque ouvrage en moitié moins de temps que ses précepteurs. En 1782 il intègre une école, à Crompton, qui semble adaptée à sa précocité d'esprit : les élèves y jouissent d'une liberté qui leur permet d'aller à leur propre pas. Pourtant même là, Thomas reste un phénomène. Il en sort en 1786, avec des bases solides en physique newtonienne et en optique. Il parle plus de douze langues, européennes ou orientales, mortes ou vivantes.

Études de médecine

En 1792, il déménage à Londres, et entame des études de médecine à la Hunterian School. Il est accepté en internat au Saint Barthelemy Hospital. Là, en disséquant un œil de bœuf, il découvre le mécanisme de l'accommodation, qu'il explique par une modification de la courbure du cristallin. Il formalise sa théorie dans *Observations sur la Vision*, qu'il soumet à la Royal Society de Londres le 30 mai 1793. Il n'a pas encore 20 ans.

Young passe l'année 1794 à l'université d'Edinburgh (Écosse), puis se rend en Allemagne. Il obtient un doctorat de sciences physiques à la Georg-August-Universität Göttingen le 30 Avril 1796. Il visite ensuite l'Allemagne, passe par Iéna et Berlin, avant de rentrer en Angleterre en février 1797. Cette même année, il hérite de son grand-oncle, le médecin Richard Brocklesby, une maison de Londres, et une rente suffisamment confortable pour lui assurer une indépendance financière.

Thomas s'inscrit à l'Emmanuel College à Cambridge. Il lui faut en effet un diplôme britannique pour intégrer l'Ordre des médecins et pouvoir exercer. Mais il pense en savoir désormais assez sur le sujet et ne suit pas le cursus. Au contraire, hanté par ses lectures de jeunesse et surtout par des discussions qu'il a eues sur le continent, il se plonge dans l'étude de la physique et des mathématiques. Il acquiert très vite la réputation d'un esprit brillant mais peu sociable, plus intéressé par un calcul difficile ou un instrument ingénieux que par la vie du *College*.

En 1799, fraîchement diplômé, il s'installe à Londres. Cependant le médecin Young, malgré son talent et son dévouement, a peu de succès. Il lui manque la rondeur des manières, le tact et l'attention au malade que les patients recherchent... Mais c'est en exerçant son art et en s'interrogeant sur le fonctionnement de l'œil et de l'oreille qu'il ouvre ses réflexions à des considérations plus générales et fait le lien entre son et lumière.

Premiers travaux scientifiques

Young publie très vite ses premiers travaux, mais anonymement pour protéger sa crédibilité de médecin, peu compatible avec la réputation sulfureuse qu'ont encore les scientifiques. Il soumet ainsi une série de communications à la Royal Society de Londres : *Son et lumière* en janvier 1800, puis *Le mécanisme de l'œil* en novembre, et *Sur la théorie de la lumière et des couleurs* en 1801. Les avancées sont gigantesques : Thomas Young analyse l'astigmatisme pour la première fois, et pose les bases de la vision tricolore – une étude qui sera reprise et complétée par la suite par Hermann von Helmholtz (1821-1894), et vérifiée expérimentalement en 1956 par Gunnar Svaetichin [1].

Mais ceci n'est que le premier niveau de lecture. Le vent de la révolution que souffle Young mène ailleurs, vers des notions plus souterraines, et plus fondamentales.

Plaçons d'abord le décor. Depuis l'Antiquité, la lumière et la vision sont restées pour l'essentiel un mystère. La question de la formation des images sur l'œil a tourmenté des esprits aussi prodigieux que Pythagore, Euclide, Épicure, Aristote... Deux écoles se sont opposées pendant des siècles, jusqu'au *Kitab fi'l Manazir* du savant persan Ibn al-Haytham qui établit en 1020 que la vision est due à des rayons de lumière émis par les objets.

1. G. Svaetichin, « Spectral response curves from single cones », *Acta Physiologica Scandinavica* **39**, Suppl. 134, 17-46.

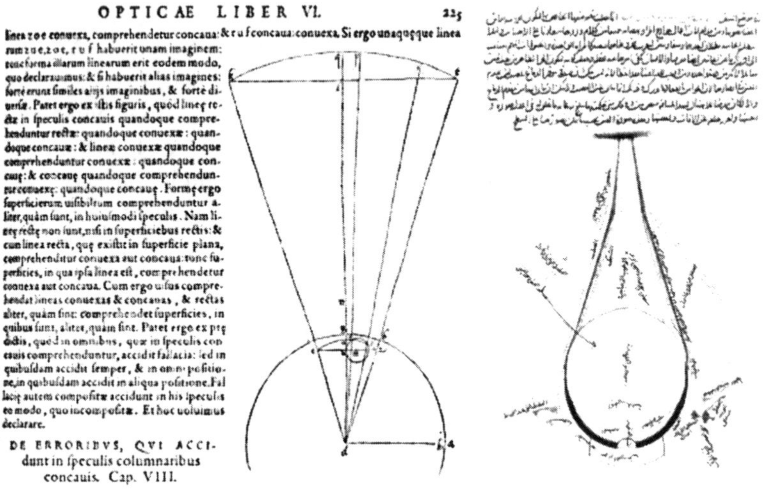

Fig. 2. *À gauche.* Une figure de l'ouvrage d'Ibn al-Haytham, latinisé en Alhazen (Bassorah v. 965 – Le Caire 1039). Il écrivit son *Traité d'Optique* de 1015 à 1021. Une traduction latine nous en est parvenue (*Opticae thesaurus*), traduite par F. Risner en 1572 (disponible en ligne sur la bibliothèque numérique de l'université de Strasbourg –SICD). *À droite.* Une figure extraite de l'ouvrage d'Al-Farisi (1267-1320), qui décrit l'anatomie de l'œil d'après les recherches d'Ibn Al-Haytham.

En 1604, dans son *Astronomia pars Optica*, Johannes Kepler décrit de façon méthodique la formation des images sur la rétine à l'aide de ces rayons, qu'il assume extérieurs et indépendants de l'œil. À la fin du XVIIe siècle, il reste toujours à élucider la nature de ces rayons de lumière (corpuscules ou ondes ?) – et à percer par la même occasion certains phénomènes optiques encore inexpliqués : la réflexion, la réfraction, la dispersion des couleurs par un prisme, et la diffraction.

Christiaan Huygens (1629-1695) propose une approche ondulatoire en 1678, qui s'avère particulièrement commode pour retrouver les lois de Descartes-Snell (réflexion et réfraction). Elle porte aussi en germe une explication du phénomène de diffraction. Mais son formalisme est trop peu développé pour convaincre, et Huygens est incapable d'établir des résultats formels.

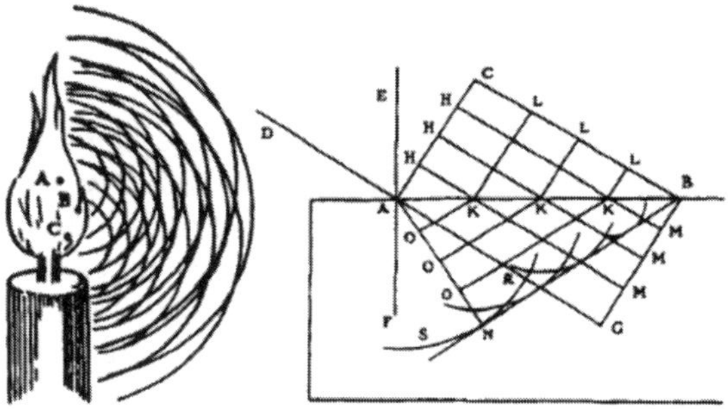

Fig. 3. Décomposition en ondelettes par Ch. Huygens, in *Traité de la Lumière* paru en 1690.

Puis vient Isaac Newton (1643-1727), avec toute la puissance conceptuelle et la pertinence expérimentale qui imposeront ses théories physiques en Angleterre et partout en Europe. Comme Huygens, il est d'abord tenté par la théorie ondulatoire, mais lui non plus n'arrive pas à un formalisme satisfaisant. Surtout il se heurte au manque d'un outil mathématique adapté. En 1704, après plusieurs années d'un travail minutieux, il tranche la question dans son imposant *Opticks*. À quelques détails près, la démonstration est magistrale : la théorie corpusculaire explique pratiquement tous les phénomènes optiques en souffrance. Certes le mécanisme des « accès[2] », qu'il introduit pour modéliser le phénomène d'interférences, est un peu trop complexe. D'ailleurs il peine à traiter la diffraction... Mais cela doit suffire : la lumière est désormais pour tous, presque tous, faite de corpuscules. Chapitre pratiquement clos, donc.

Au moins pendant le siècle à venir, le temps que l'influence

2. Pour Newton, un corpuscule de lumière possède périodiquement, le long de sa trajectoire, des « accès » de transmission aisée et des « accès » de réflexion aisée. Il explique ainsi les franges d'interférence, successivement sombres et claires.

de Newton faiblisse, au moins un peu, et qu'un ingénu, mais pas trop, s'enhardisse à mettre sa théorie en question.

Théorie ondulatoire de la lumière

Dans la communication *Son et Lumière* qu'il présente à la Royal Society le 16 Janvier 1800, Thomas Young pointe les insuffisances du système newtonien, dont certaines ont déjà été relevées par d'autres, sur le continent, comme Leonhard Euler (1707-1783). Ces « détails » font plus que semer le doute ; pour Young, ils mettent en cause la pertinence de la théorie corpusculaire. Il aboutit ainsi à la nécessité d'une théorie ondulatoire de la lumière, qui se propage par des vibrations de l'éther, et il associe les couleurs aux fréquences de ces vibrations. Près de deux ans plus tard, il récidive et insiste : son mémoire *Sur la théorie de la lumière et des couleurs* du 12 novembre 1801 est présenté comme une confrontation, point à point, de ses vues et de celles de Newton sur un certain nombre de concepts. Il réaffirme avec force sa conviction qu'une théorie ondulatoire est juste et suffisante.

Le point d'orgue de la démonstration est incontestablement formulé dans la Proposition VIII, par le principe d'interférence :

PROPOSITION VIII.

When two Undulations, from different Origins, coincide either perfectly or very nearly in Direction, their joint effect is a Combination of the Motions belonging to each.

ce que l'on peut traduire par : « lorsque deux ondulations issues de sources différentes coïncident en direction parfaitement ou de manière très rapprochée, leur effet commun est une combinaison des mouvements de chacune ».

C'est un principe qu'il a déjà appliqué aux harmoniques sonores lors de sa communication *Son et Lumière*, et qu'il explicite ainsi : si deux ondulations de même fréquence coïncident exactement, le mouvement résultant est le plus intense ; si elles présentent un écart d'une demi-ondulation, le mouvement résultant est le plus faible, voire nul.

La formulation de Young est complexe (il la simplifiera plus tard), mais c'est la première fois dans l'histoire qu'un modèle lève ainsi le voile sur les mécanismes de diffraction et d'interférences.

Il utilise immédiatement cette *Proposition VIII* pour expliciter un certain nombre de phénomènes, tel que les anneaux colorés de Newton (l'irisation des lames minces sur les niveaux d'égale épaisseur).

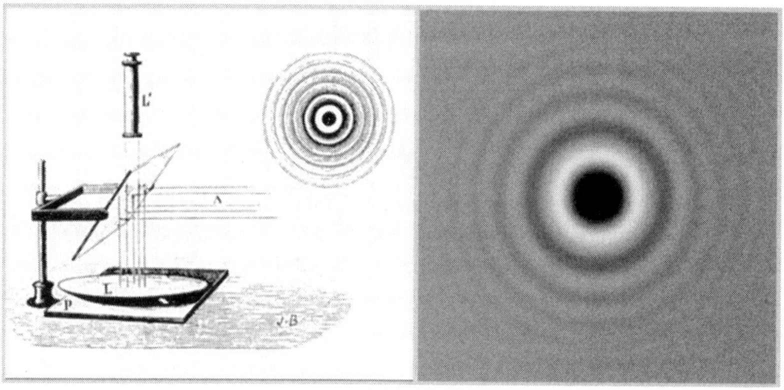

Fig. 4. *Irisation de la lumière par une lame mince (expérience de Newton).* Newton a laissé son nom à ce phénomène découvert par Hooke : en plaquant une lentille convexe L sur une lame plane P, on crée des zones d'air de différentes épaisseurs. S'il est éclairé en lumière blanche, ce système génère des anneaux colorés (observables en A), que Newton explique péniblement à l'aide du mécanisme des « accès » (*cf.* note 2 ci-dessus). *(Image S. Boudreux, site « La Physique au temps de Sigaud de Lafond ».)*

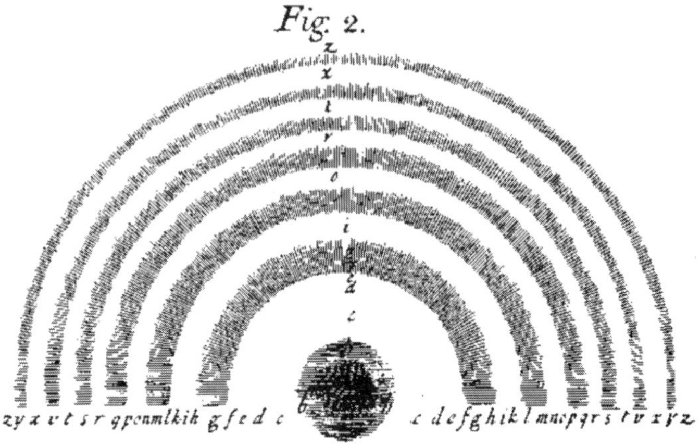

Fig. 5. Schéma des « anneaux irisés », extrait de *Opticks*, d'Isaac Newton (Book II, Part I, Plate I, Edition 1704).

L'argumentaire est étonnamment convaincant. Young l'affine encore lors d'une communication le 1er juillet 1802, *Rapport sur certains cas de production de couleurs*, et déduit une Loi Générale qui dit en substance :

> *La lumière émise par une source qui atteint l'œil par deux chemins différents, présente un maximum d'intensité si les longueurs des chemins sont séparées d'une distance égale à un multiple quelconque d'une certaine longueur ; et un minimum s'il s'agit d'un multiple impair de la moitié de cette longueur ; enfin, cette longueur dépend de la couleur de la lumière.*

C'est simple, clairement articulé, complet. Et cela introduit, par la même occasion, la notion de longueur d'onde.

Pourtant Young ne suscite qu'un intérêt modéré. Outre qu'il se dresse contre le monument Newton, la raison en est probablement que sa démarche et ses conclusions restent qualitatives : Young ne les appuie sur aucun développement mathématique, aucun formalisme concret.

La définition d'une théorie physique par Young

En premier paragraphe du texte apparaît sous la plume de Young ce qui peut être considéré comme la magistrale définition d'une théorie physique :

ALTHOUGH the invention of plausible hypotheses, independent of any connection with experimental observations, can be of very little use in the promotion of natural knowledge; yet the discovery of simple and uniform principles, by which a great number of apparently heterogeneous phenomena are reduced to coherent and universal laws, must ever be allowed to be of considerable importance towards the improvement of the human intellect.

Ce que l'on pourrait traduire ainsi :

Certes la proposition d'hypothèses, plausibles mais indépendantes de toute observation expérimentale, ne saurait être que de peu d'utilité dans la progression de la connaissance de la nature. Cependant, la découverte de principes uniformes et simples, grâce auxquels un grand nombre de phénomènes en apparence hétérogènes sont ramenés à des lois universelles et cohérentes, doit toujours être regardée comme étant d'une importance considérable pour l'amélioration de l'entendement humain.

Malgré cette position de principe introductive, Young est conscient de la faiblesse de sa démarche, qu'il décide d'étayer par des démonstrations expérimentales. C'est l'objet du fameux mémoire *Expériences et calculs relatifs à l'optique physique* qu'il présente à la Royal Society le 24 novembre 1803 et dans lequel il propose le terme d'*interférences* pour traiter l'interaction des ondulations lumineuses – un terme qui sera repris plus tard par Arago en France pour les travaux de Fresnel.

C'est également dans ce mémoire que Young décrit l'expérience des fentes qui porte aujourd'hui son nom : il montre qu'il est nécessaire de faire intervenir deux ondes issues d'une même source pour observer des franges d'interférences ; en en masquant l'une quelconque des deux, on fait disparaître les franges.

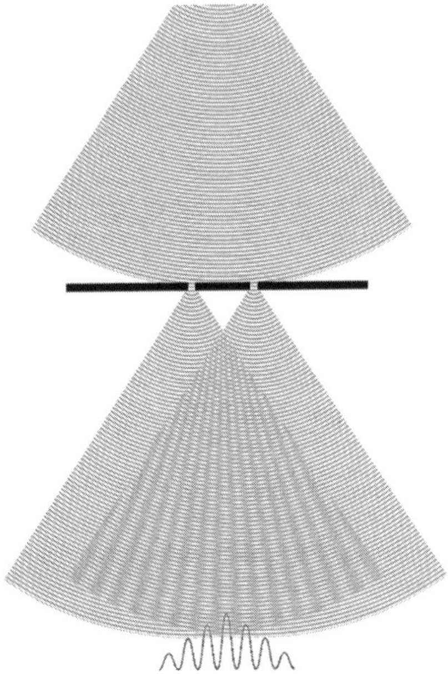

Fig. 6. *Expérience des « fentes de Young »*. L'onde provenant d'une source en haut, coupée sur la figure (image Wikipedia, Tatoute), arrive au niveau des deux fentes, et se forme une figure d'interférences, où l'intensité lumineuse reçue est représentée en bas (Image Wikipedia, Jordgette).

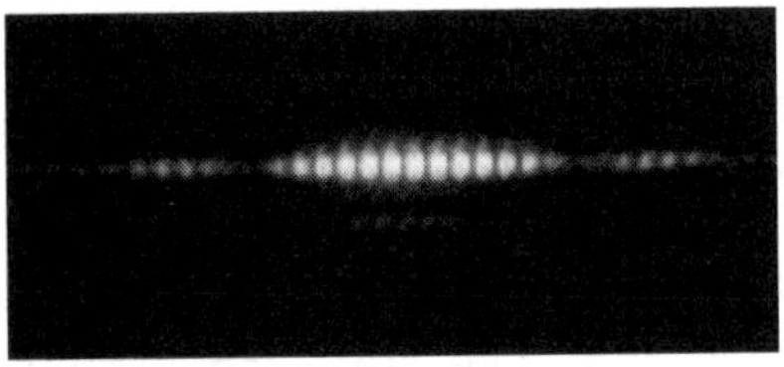

Cette notion étant posée, Young en déduit un mécanisme de diffraction par un bord d'écran. Le point mérite que l'on s'y attarde, puisqu'il symbolise un passage de relais virtuel de Young à Fresnel.

La démarche de Young :
du principe d'interférence au mécanisme de diffraction

Même si Young est d'abord connu pour son expérience d'interférences lumineuses à deux fentes (dites « fentes de Young »), on lui doit surtout d'avoir initié un modèle performant du mécanisme de diffraction basé sur les interférences. Voici en substance sa démarche :

1- Il se place dans l'hypothèse ondulatoire, qu'il justifie et valide sur des cas simples. Ainsi, dans sa *Proposition III,* il décrit un schéma de transmission à travers une fente qu'il veut compatible avec la théorie ondulatoire. Pour Young, la lumière que l'on observe dans la zone d'ombre est générée, en « ondulations divergentes de faible intensité », par les bords de la fente.

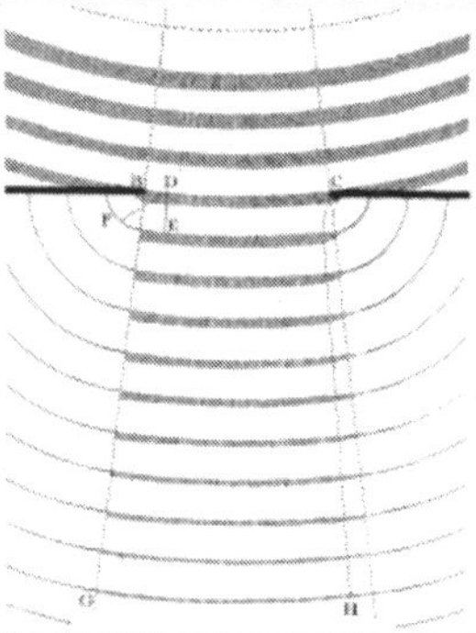

Fig. 7. En haut, extrait de la figure 1 de la planche de figures de Young. Une partie de la lumière transmise, partant d'une source ponctuelle A (non représentée dans l'extrait), se propage en vision directe dans le triangle ABC à travers la fente. L'autre partie, visible dans la zone d'ombre (c'est-à-dire en-dehors du triangle ABC), est générée par les bords d'écran. En bas, figure de diffraction par une fente (image Wikipedia, Jordgette).

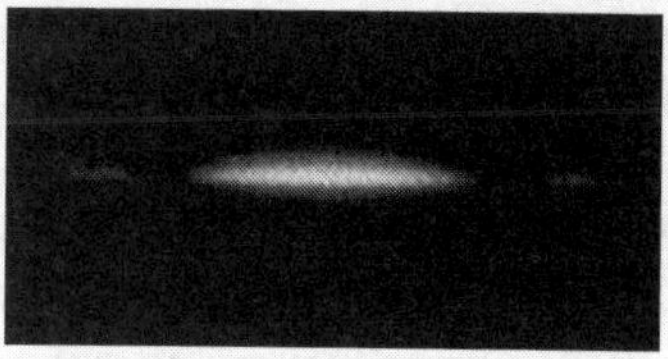

2- Il développe ensuite le principe d'interférences (*Proposition VIII, cf.* ci-dessus).
3- Il propose un mécanisme de la diffraction basé sur les interférences.

Fresnel élargira la portée de ce mécanisme en y intégrant la décomposition en ondelettes de Huygens.

De Young à Fresnel, une nécessaire amélioration

Considérons donc la diffraction par un bord d'écran. Selon Young, elle est le résultat de l'interférence de deux ondes : l'une en vision directe et existant dans la zone éclairée, l'autre diffractée et générée par les discontinuités géométriques du bord d'écran (in *Conférences sur la philosophie naturelle et les arts mécaniques* paru en 1807). Lorsqu'Augustin Fresnel (1788-1827), en 1815, de l'autre côté de la Manche, se penche à son tour, quoique indépendamment, sur les mêmes questions, sa première approche est très similaire à celle de Young. Mais il se rend très vite compte des limites du modèle qui, notamment, prévoit une différence selon que le bord est arrondi ou franc. Or ses expériences sont formelles : ce ne sont pas les effets de bord qui gouvernent la diffraction. Serait-ce plutôt l'ouverture entière ?... Adaptant le concept d'ondelettes introduit par Huygens un siècle plus tôt, Fresnel considère l'ouverture de l'écran comme constituée d'un grand nombre de sources élémentaires. Au contraire de ses prédécesseurs, il adosse son intuition à un puissant formalisme mathématique. C'est un travail d'orfèvre, qui lui prend quatre années. Au final, expériences et calculs correspondent admirablement, confirmant la justesse du mécanisme qui s'érige très vite en Principe de Huygens-Fresnel[3].

Le 16 octobre 1819, dans une lettre qu'il adresse au jeune Français, Thomas Young s'incline et reconnaît la supériorité conceptuelle du modèle de Fresnel. Pour autant, sa propre contribution reste indéniablement pertinente et on lui doit d'avoir jeté

3. Voir texte d'analyse (auteur J.-L. Basdevant) du *Premier mémoire sur la diffraction de la lumière* de Fresnel (1815), ci-avant dans cet ouvrage.

les bases d'une théorie qui a révolutionné la conception de la lumière.

Un esprit universel

Mais revenons au parcours de Young, dont il convient de compléter le portrait.

En 1801, la jeune Royal Institution of Great Britain lui propose d'enseigner la philosophie naturelle. Il accepte et crée une cinquantaine de cours qu'il donne à partir de janvier 1802. Le programme est varié (mécanique, hydrodynamique, physique générale, mathématiques), très ambitieux et reflète son éclectisme scientifique. Young choisit une logique de conférences : il s'adresse volontairement à un public averti plutôt qu'à une assemblée d'étudiants. Du coup, son cours peine à convaincre. Il l'abandonne en 1803, mais publie en 1807 un volumineux *Conférences sur la philosophie naturelle et les arts mécaniques*, où il regroupe ses notes de cours. Signe de sa formidable créativité, Young y introduit le module qui porte son nom et qui caractérise la déformation élastique d'un matériau sous la contrainte qui lui est appliquée.

Son goût et le talent qu'il a développé très jeune pour les langues poussent Young vers l'étude des textes égyptiens anciens. L'aventure commence en juin 1814, quand un ami lui apporte un papyrus écrit en démotique. Très vite Young se prend au jeu et s'attaque à la Pierre de Rosette – dont le texte est répété en grec, démotique et hiéroglyphes –, et qui est exposée au British Museum depuis 1802. Guidé par son intuition et sa méthode mathématiques, il propose une traduction conjecturale astucieuse, qui le mène à la transcription de quelque 220 cartouches – dont une partie sera confirmée par le déchiffrement complet de Champollion (1790-1832) en 1822.

En 1827, Thomas Young est élu associé étranger de l'Académie des sciences de l'Institut de France. Honneur rare, et l'un des seuls qu'il reçoit de son vivant.

Sa santé se détériore brutalement en 1828, lors d'un voyage à

Genève. Il est atteint de difficultés respiratoires en février 1829, et s'éteint le 10 mai de la même année à Londres.

Le Mémoire de Fresnel sur la diffraction de la lumière

Jean-Louis Basdevant

Augustin Fresnel est sans doute, avec son ami André-Marie Ampère, fondateur de l'électromagnétisme, le plus grand physicien français de la période « classique », celle qui précède la décennie miraculeuse 1895-1905 et le basculement vers la physique moderne. Né en 1788, dans les prémisses de la Révolution, à Chambrais, en Normandie, village qui prendra plus tard le nom du duc de Broglie, Fresnel fait partie de ces « savants qui construisirent la République ».

C'est un personnage étonnant. Abattu par la tuberculose à l'âge de 39 ans, sa carrière a été celle d'un ingénieur, et son œuvre scientifique porte sur à peine une décennie. Une vie faite de contrastes et de passion, à l'image de ces romantiques de légende emportés prématurément au début du XIXe siècle, Évariste Galois, Sadi Carnot, Franz Schubert, Alexandre Pouchkine, Frédéric Chopin. Son œuvre : la théorie ondulatoire de la lumière, y compris la transversalité des ondes lumineuses et la théorie de la polarisation, la théorie de la réflexion et de la réfraction, et l'optique des milieux anisotropes. Fresnel fut à la fois un expérimentateur talentueux et un théoricien profond.

Sur la nature de la lumière, seules trois adjonctions significatives interviendront après ses travaux ; celle de Maxwell et la synthèse avec l'électromagnétisme en 1864 ; la théorie de la relativité d'Einstein, Lorentz et Poincaré en 1905 ; et la théorie quantique du rayonnement qui naît en 1900 avec Planck puis en 1905 avec le photon d'Einstein.

Un enfant attardé, brillant polytechnicien

Augustin était un enfant chétif, élevé dans un jansénisme strict par son père, Jacques Fresnel, architecte du maréchal duc de Broglie, qui avait épousé la fille du régisseur des domaines du duc, Augustine Mérimée. Fresnel était le cousin de Prosper Mérimée. Louis Victor de Broglie, prince, puis duc de Broglie, fondateur de la théorie ondulatoire de la matière est mort en 1987, presque deux siècles après la naissance du fondateur de la théorie ondulatoire de la lumière, né sur ses terres.

Pendant la tourmente révolutionnaire, la famille Fresnel se retire dans la maison familiale à Mathieu près de Caen. Son père Jacques (mort en 1805) s'occupait peu de ses quatre fils. L'enfant « attardé », qui ne sut lire qu'à huit ans, est pris en main par son oncle Léonor Mérimée, peintre et chimiste, futur répétiteur de dessin à l'École polytechnique, qui devient un second père pour ses neveux et découvre en Augustin des talents qu'il faut développer. Augustin fait ainsi quelques études à l'École Centrale de

Caen[1] et entre à seize ans et demi à l'École polytechnique en 1804. Il y succède à son frère aîné, Louis, de la promotion 1803 (officier d'artillerie tué en 1809 au siège de Badajoz en Espagne) et y précède de trois ans son autre frère Léonor. Le dernier de la fratrie, Fulgence, sera diplomate et orientaliste.

Entré à l'X 17e, il en ressort 9e dans le prestigieux corps des Ponts et Chaussées. Il se fait remarquer par ses professeurs, Monge, Poisson, Legendre en mathématiques, Lacroix, Prony en mécanique. Il commence sa carrière d'ingénieur des Ponts et Chaussées en 1809 à La Roche-sur-Yon. À la fin de 1812, à Nyons dans la Drôme, il participe à l'amélioration de la route impériale reliant la France à l'Italie par le Mont Genèvre.

Quelques interrogations sur la physique

Ingénieur, il aime se pencher sur des problèmes scientifiques plus fondamentaux, notamment des problèmes de physique mathématique. À partir de 1814 (à 26 ans), il se plonge dans des réflexions sur l'optique et sur la nature de la lumière : nature corpusculaire comme l'autorité de Newton l'a imposée depuis le début du XVIIIe siècle ou nature ondulatoire ? Comment en arrive-t-il là ? L'élément déclencheur vient un jour de 1814 alors qu'il lit le journal. « J'ai vu, écrit-il à son frère Léonor le 15 mai 1814, dans *Le Moniteur*, il y a quelques mois que Biot avait lu à l'Institut un mémoire fort intéressant sur *la polarisation de la lumière*. J'ai beau me casser la tête, je ne devine pas ce que c'est. »

Et sur la nature de la lumière, comme sur la polarisation, voilà Fresnel plongé dans ses pensées. Il demande des livres à son frère Léonor. Il veut se documenter, trouver des réponses à des questions que ses professeurs n'ont jamais abordées. Arago, son ami et protecteur, lui fait répondre le 12 juillet 1815 :

1. Les écoles centrales sont créées par la Convention en 1795 (sur rapport de Lakanal) dans chaque département, en même temps que les écoles primaires. L'École centrale de Caen est devenue le lycée Malherbe.

Je ne connais pas d'ouvrage qui renferme la totalité des expériences ... sur la lumière. M. Fresnel ne pourra se mettre au courant de cette partie de l'optique qu'en lisant l'ouvrage de Grimaldi, celui de Newton, ... et les mémoires d'Young.

Fresnel répond, le 23 septembre 1815 :

Quant à l'ouvrage d'Young, ..., j'avais fort envie de le lire, mais ne sachant pas l'anglais, je ne pouvais l'entendre qu'avec le secours de mon frère [Fulgence] *et, après l'avoir quitté, le livre redevenait inintelligible pour moi.*

Augustin Fresnel ne soupçonnait pas qu'au bout du compte il serait amené à écrire lui-même le livre qu'il désirait lire.

Les idées en optique

La lumière a toujours été un phénomène physique à part, un grand mystère. Elle nous a simultanément révélé les deux grandes découvertes de la physique du xxe siècle : la relativité en 1905, et la physique quantique, avec le corps noir de Planck en 1900 et le photon d'Einstein en 1905.

Longtemps on a vu une parenté entre le son et la lumière, qui se répandent dans tout l'espace et sont porteurs de messages. Mais les premières véritables théories de la lumière sont venues d'un phénomène prodigieux : *les rayons lumineux*. Dans la nature, on ne voit ces rayons que dans des circonstances assez particulières où la lumière est partiellement occultée par des nuages ou des arbres.

Le fait qu'ils soient rectilignes et qu'ils matérialisent les droites parfaites de la géométrie a toujours été considéré comme fondamental, voire sacré. Les plus anciennes religions sont de caractère astral. Le Ra de l'Egypte, l'Ahura Mazda de la Perse ancienne et Brahman, dieu suprême de l'Hindouisme, en témoignent. Dans le judaïsme et dans le christianisme, la première chose qui remplisse l'espace est la lumière. Le rayon lumineux est le chemin métaphysique vers Dieu.

Fig. 1. *Rayons solaires en forêt.* On peut observer le caractère rectiligne des rayons lumineux.

Fig. 2. À gauche : Saint Sébastien, détail, par Il Sodoma (1477-1549), Galleria Pitti, Florence ; à droite : Dessin d'enfant.

C'est profondément inscrit dans l'inconscient humain. Le dessin d'enfant, figure 2, paraît banal, naturel, pas scientifique. Quantité d'enfants le dessinent ainsi. Mais quantité, c'est extraordinaire : car vous n'avez jamais vu ces rayons accrochés au soleil ! Cet enfant ne peut pas expliquer pourquoi il les a dessinés mais, pour tout le monde, leur présence est parfaitement normale !

Cela explique le développement et le succès des théories géométriques d'Euclide, Héron d'Alexandrie, Kepler, Descartes, Snell van Royen et autres. Au XVIIIe siècle, Newton décidera que la lumière est formée de corpuscules, car seuls des corpuscules peuvent se propager en ligne droite et expliquer les rayons lumineux.

Grimaldi et la diffraction

Mais depuis la fin du XVIIe siècle, on connaissait les phénomènes d'interférences et de diffraction. La diffraction fut observée par hasard par un père jésuite, Francesco Maria Grimaldi (1618-1663). Celui-ci, observant la lumière filtrant par trou dans un volet, voit que le contour de l'image produite par un rayon de soleil, donc une « droite », n'est pas net !

Fig. 3. Diffraction par une ouverture circulaire.

Elle est au contraire agrandie et les bords en sont colorés ! La tache évoque l'aspect d'une surface liquide sur laquelle se déverserait un filet d'eau. Dans son traité, *Physico-mathesis de*

Lumine, coloribus et iride, qui date de 1665 (deux ans après sa mort), il conclut : « La lumière ne se propage pas seulement suivant les modes direct, réfracté et réfléchi, mais aussi suivant un quatrième : la diffraction. » Dans ce dernier mode, les rayons sont « brisés ». Grimaldi observe l'ombre d'un fil placé devant le rayon. Cette image montre, elle aussi, des ondulations parallèles au fil. Grimaldi affirme que « ... la lumière est une substance dont la propagation est susceptible de modalités ondulatoires... »

Enfin, regardant l'image formée par deux rayons adjacents proches l'un de l'autre au lieu d'un seul, Grimaldi voit que dans certaines régions où la lumière (diffractée) était visible auparavant, elle disparaît !

> *Lumen aliquando per sui communicationem reddit obscuriorem superficiem corporis aliunde, ac prius illustratam.* [Il arrive que de la lumière ajoutée à elle-même puisse produire des surfaces obscures sur un corps qui était éclairé auparavant].

C'est ce que l'on nommera, un siècle et demi plus tard, des interférences. On comprend que l'*imprimatur*[2] ait nécessité quelque délai !

Christiaan Huygens et l'autorité de Newton

Parmi les pères fondateurs de l'optique figure Christiaan Huygens (1629-1695). Dans son œuvre immense, il échafauda une théorie ondulatoire de la lumière. Posant le principe que chaque point d'un front d'onde émet des ondes sphériques dont l'enveloppe donne le front d'onde à un instant ultérieur, il comprend que l'on peut expliquer les lois de Descartes pour ce qui concerne les *plans d'ondes*. Il comprend la périodicité en temps des vibrations, mais n'a la notion ni de longueur d'onde ni d'interférences. Sa théorie ne peut expliquer l'existence de rayons

2. L'*imprimatur* est une autorisation de publier donnée par la hiérarchie catholique à un de ses membres. Elle existe toujours de nos jours. Le terme est aussi passé dans le langage courant, comme le « Nihil Obstat » (« rien ne s'y oppose ») qui était la réponse autorisant la publication.

lumineux, mais il obtient d'étonnants résultats en faisant l'hypothèse de vibrations d'un « éther » élastique. Son triomphe est l'explication de la double réfraction [3] à l'aide d'un modèle moléculaire des milieux anisotropes : il montre qu'il existe deux types de surfaces d'onde, donc deux indices de réfraction !

Mais Newton avait un caractère difficile. Secret, souvent mesquin, il écrase Huygens, jeune continental qui l'insupporte. Huygens sera aux oubliettes jusqu'à ce que Fresnel l'en fasse revenir.

Après bien des détours et ambiguïtés, Newton énonce une théorie corpusculaire, la théorie de l'émission. Comme en mécanique, la lumière est constituée de molécules de lumières, émises par les corps lumineux. Cette idée s'impose, dit-il, car elle seule explique les rayons lumineux : les molécules de lumière se propagent en ligne droite.

Certes, il côtoie, il pratique les phénomènes d'interférences (les anneaux de Newton, les couleurs des couches minces découvertes en 1666 par son ami Hooke) mais il nie l'explication ondulatoire. Il attribue ces effets à des « accès de facile réflexion et de facile transmission » de la lumière.

Pour Newton, la diffraction provient de l'attraction entre la lumière, qu'il estime pesante, et le bord de l'écran, cette attraction étant de courte portée et se limitant donc aux rayons lumineux proches du bord. La diversité des couleurs provient d'une différence de densité et de taille entre des particules lumineuses spécifiques. Le XVIIIe siècle restera étonnamment fidèle à l'hypothèse newtonienne.

Le retour de la théorie ondulatoire

Le médecin anglais Thomas Young (1773-1829) fut le premier à se livrer à la critique des idées de Newton, et à prôner un

3. On trouvera une description du phénomène de double réfraction, aussi appelé biréfringence, dans l'article de Jeanne Crassous, consacré à un article de Fresnel de 1822. Voir notamment la figure 1.

retour à l'hypothèse ondulatoire, à la suite de sa célèbre expérience d'interférences en 1802. Young était un esprit universel prodigieusement doué [4].

Mais cela, Fresnel, en 1814, ne le savait pas ! Le blocus continental freinait les échanges scientifiques.

Le retour de Napoléon de l'île d'Elbe permit, paradoxalement, à ces idées de prendre tournure. Fresnel en effet, comme beaucoup de ses camarades de l'X, se dressa publiquement contre l'Empereur, qualifiant les Cent Jours d' « attaque contre la civilisation [5] ». Révoqué du Corps des Ponts (il sera réintégré en juillet 1815) et mis sous surveillance policière, Fresnel rejoint la maison familiale de Mathieu et consacre ce loisir forcé à ses expériences et réflexions sur la diffraction de la lumière.

Premiers travaux

À Mathieu, ses premières investigations concernent l'étude expérimentale de la diffraction. Ces études sont le prélude d'une décennie de travaux qui déboucheront sur une théorie complète des propriétés de la lumière.

Le texte que nous commentons ici est son tout premier mémoire, adressé à l'Académie des sciences le 15 octobre 1815, et examiné par Arago et Poinsot. D'un enthousiasme quasi-juvénile, il contient l'essentiel de ses intuitions et de leur vérification, même s'il renferme des inexactitudes, voire des fautes qui révèlent la dimension humaine du personnage et son cheminement intellectuel. Entre ce premier travail et le grand mémoire du 29 juillet 1818 couronné par l'Académie en 1819, et qui fait

---

4. Il écrivit des articles sur la vision et le fonctionnement de l'œil. Il expliqua le mouvement des fluides et les marées, l'arc-en-ciel, la capillarité. En découvrant le premier que certains mots de la pierre de Rosette sont écrits de manière phonétique, il prépara les travaux de Champollion sur les hiéroglyphes (voir ci-avant l'analyse de Riad Haidar d'un texte de 1801 de Young).

5. Cette expression se trouve dans l'Éloge prononcé par Arago, le 26 juillet 1830 (la veille des Trois Glorieuses). Ce discours « mérite le détour » : `http://www.academie-sciences.fr/membres/in_memoriam/Fresnel/Fresnel_oeuvre.htm`

encore autorité, il y a des changements notables, dont nous soulignerons l'essentiel. L'intérêt de ce premier travail est d'avoir déclenché quantité de réactions. C'est après avoir reçu les critiques et avis de ses collègues Arago, Poisson, Laplace, Ampère et d'autres et après avoir déposé un pli cacheté important à la séance du 20 avril 1818, pli ouvert quatre ans plus tard, qu'il est parvenu au texte final. De nombreux textes, dont des lettres, figurent dans le premier volume de ses *Œuvres complètes* auquel on peut se référer.

Ce mémoire de 1815 est d'abord une attaque en règle contre la théorie de Newton et donne l'impression d'un immense défi à 120 ans de distance (il disait, avec irrespect pour le grand homme, que « Newton radote »).

Fresnel, une attaque en règle contre Newton

Le mémoire de 1815 comporte une succession de « coups de griffe » du jeune savant de 27 ans à l'égard de l'illustre Newton :

§3 : « La théorie de Newton conduit à plusieurs hypothèses improbables. »

§6 : « La double réfraction a obligé Newton de faire encore une hypothèse, qui est bien extraordinaire. »

§7 : « Il me semble que la théorie des vibrations se plie mieux que celle de Newton à tous les phénomènes. »

§16 : « Cette conséquence [...] est tout à fait opposée à la thèse de Newton, et confirme la théorie des vibrations. »

§26 : « Et c'est ce qui a été cause sans doute de l'erreur où est tombé Newton. »

§38, note : « Newton est obligé de supposer que la lumière peut être repoussée à une distance sensible des corps. »

§42 : « Je tire de cette théorie une conséquence absolument opposée à celle de Newton. »

La phrase conclusive au §45 : « Cette théorie des vibrations [...], qui lie déjà tant de phénomènes séparés dans celle de Newton, ne doit-elle pas conduire à la véritable explication de la polarisation ? »

Et enfin la lettre d'envoi du 15 octobre 1815 au Secrétaire perpétuel Delambre : « La théorie de Newton est encore adoptée généralement. Je ne connais aucun ouvrage dans lequel elle soit attaquée directement, et où l'on donne, ainsi que je l'ai fait, les formules pour calculer la largeur des franges colorées des ombres. »

C'est en évoquant Newton que Fresnel débute son mémoire :

> *J'exposerai sommairement les principales objections que je me suis faites sur la théorie newtonienne. Newton ayant posé en principe que les molécules de lumière qui frappent nos yeux, lorsque nous regardons le soleil, partent de cet astre pour arriver jusqu'à nous, fut obligé de supposer que leur marche n'est point dérangée par les molécules de calorique répandues dans l'espace.*

Notons l'apparition du mystérieux « calorique ». Il s'agissait, à l'époque, d'une conception de la chaleur comme un fluide s'écoulant des corps chauds vers les corps froids[6]. Fresnel le concevra comme étant le milieu dans lequel se propagent les vibrations lumineuses, avant de le remplacer par l'éther, encore plus mystérieux, qui mènera toutefois à la relativité.

> *... Lorsqu'un corps noir est exposé à l'action de la lumière... Il ne peut pas en absorber éternellement, et, après s'en être saturé, il devrait en rendre autant qu'il en reçoit. Que devient donc la lumière ? Il la rend à l'état de calorique. Ce n'est qu'en admettant l'identité des molécules de la lumière et du calorique qu'on peut concevoir le phénomène.*

(On savait que le rayonnement lumineux pouvait être absorbé par des surfaces sombres et les chauffer. On savait aussi qu'il existait un régime et une température d'équilibre pour un corps et un rayonnement donnés.)

> *Une molécule lumineuse qui traverse l'atmosphère doit donc éprouver continuellement des répulsions qui contrarient son mouvement. Comment peut-il se faire que toutes*

6. Cette notion apparaît dans les *Réflexions sur la puissance motrice du feu* de Sadi Carnot (1824).

> *ces répulsions ne contrarient pas sa vitesse, et qu'en donnant du mouvement à tant de milliards de molécules elle ne finisse pas par perdre le sien ?*

La physique quantique et relativiste rend cocasse une des objections de Fresnel à propos de la biréfringence, que nous avons déjà mentionnée :

> *La double réfraction a obligé Newton à une hypothèse bien extraordinaire : que les molécules lumineuses aient des pôles et que le spath d'Islande tourne d'un même côté les pôles de même espèce.*

En un sens, ici Newton avait raison. Mais ni lui ni Fresnel ne pouvaient deviner que la polarisation de la lumière provient du fait que le photon d'Einstein, particule de masse nulle, possède une « rotation quantique » sur lui-même, appelée *spin* ou *hélicité*[7].

Mais le point central est le suivant :

> *La plus forte objection qu'on ait faite à cette théorie est celle qui est fondée sur la comparaison de la lumière et du son.* [...] *Cette objection, la seule à laquelle il me paraisse difficile de répondre complètement m'a conduit à m'occuper des ombres portées ... j'ai observé que les ombres n'étaient jamais terminées nettement comme elles devraient l'être si la lumière ne se propageait que dans le sens de sa direction primitive. On voit qu'elle se répand dans l'ombre, et il est difficile d'assigner le point où elle s'arrête, les limites de l'angle d'inflexion. J'ai vu de la lumière jusque dans le milieu de l'ombre d'une règle de deux centimètres de largeur.*

---

7. Cette « rotation » ne possède que deux valeurs : elle est alignée soit dans la direction de propagation du photon, soit en sens inverse. Ces deux états correspondent à la polarisation circulaire droite ou gauche de la lumière, dont on construit un état général par superposition. En ce sens, la polarisation de la lumière est le seul phénomène quantique visible à l'œil nu ! C'est, entre autres, une propriété très exploitée à notre époque dans l'aventure de « l'information quantique ».

Premières expériences

Dans son grenier, Fresnel se met au travail avec un appareillage fait de ses mains. Le serrurier et le forgeron du village l'aident dans son entreprise.

Il observe d'abord l'ombre portée à longue distance d'un fil de fer éclairé par une source ponctuelle. Que la source soit ponctuelle est essentiel car cela protège des effets de pénombre des sources étendues. Il intercepte un rayon de soleil filtrant par ses volets avec une lentille de forte courbure placée derrière un petit trou, ce qui diminue la gêne causée par le mouvement du soleil.

> *Je me suis d'abord servi, pour obtenir un point lumineux, d'un très petit trou fait dans une feuille d'étain... N'ayant pas de plus forte lentille pour obtenir un point lumineux plus fin, je me suis servi d'un globule de miel déposé sur un petit trou fait à une feuille de cuivre.*

Le « fil de fer » est une fine lame biseautée sur chacun de ses côtés, ce qui permet de s'assurer que sa largeur est constante. On mesure les ombres à des distances extrêmement variables du fil (entre 1,033 et 5,267 m), le fil étant lui-même à des distances variables de la source de lumière (entre 1,7 cm et 8,46 m).

Fresnel observe la structure de l'ombre et des franges qu'elle comporte sur un écran : carton, verre dépoli. Pour mesurer la position des franges avec la plus grande précision, il fabrique un micromètre :

> *J'ai construit un micromètre avec lequel je puis mesurer les largeurs des ombres à moins d'un quarantième de millimètre près. Il est formé de deux fils de soie partant d'un même point et aboutissant à deux points éloignés l'un de l'autre de cinq millimètres... Un petit carton mobile me sert à marquer l'endroit où la distance des fils est égale à la largeur de l'ombre. Le cadre qui porte ces fils ... a 218 millimètres de longueur, je puis donc évaluer la distance entre les fils à moins d'un quarantième de millimètre.*

Fresnel se préoccupe de façon méticuleuse de la précision de ses mesures. Les estimations d'erreurs qu'il donne dans cet article ont permis à l'historien des sciences J. Z. Buchwald[8] de déterminer avec précision l'acuité visuelle de Fresnel ! Une difficulté est qu'il opère d'abord en lumière blanche pour des raisons d'intensité (par la suite il travaillera avec des filtres). Il est donc en présence d'un système compliqué de franges polychromes. D'où son §12 :

> *Je m'étais assuré d'avance, en dirigeant sur le globule des rayons rouges et ensuite des rayons violets, que les franges produites par ceux-ci s'écartaient moins de l'ombre que celles que donnaient les rayons rouges ... J'ai toujours pris le passage du rouge au violet pour la ligne de séparation des couleurs du premier et du second ordre.*

(La longueur d'onde du rouge est double de celle du violet.)

Premières observations, premiers résultats

Pour la discussion, nous représentons en figure 4 le schéma du dispositif.

Dans le premier dispositif, R est le « point radiant », source de lumière. AA′ est la section du fil diffringent, lui même perpendiculaire au plan de la figure, à la distance a de la source et de largeur $c \ll a$. Il observe sur un plan FT′ à la distance $b \gg c$ du fil. Dans tout ce travail, il analyse les effets d'interférences et diffraction de rayons très proches angulairement (ce que l'on nomme « diffraction de Fresnel »). F est un point d'observation extérieur à l'ombre géométrique TT′ tel que $\mathrm{FT} = x \ll b$, M un point d'observation à l'intérieur de cette ombre tel que $\mathrm{TM} = y \ll b$. Il évalue la position de l'ombre géométrique, position des points T et T′, par la géométrie, évidente sur la figure.

8. J. Z. Buchwald, *The rise of the Wave Theory of Light*, The University of Chicago Press, 1984, page 124.

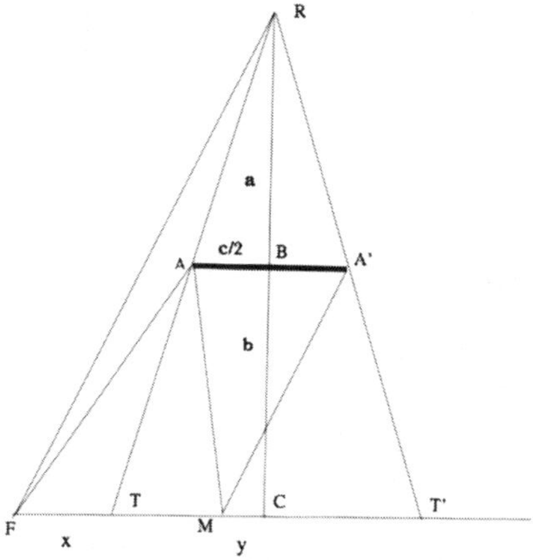

Fig. 4. Schéma du dispositif initial de Fresnel et des rayons en interférences.

Il y a deux ensembles de franges : des franges extérieures à l'ombre géométrique du fil et des franges intérieures à celle-ci, comme on le voit sur la figure 5.

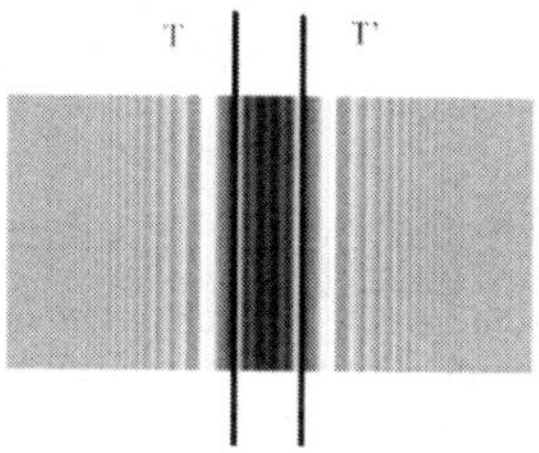

Fig. 5. *Franges extérieures et intérieures produites par un fil.* T et T′ sont les bords de l'ombre géométrique (simulation numérique).

Cela le mène à une observation cruciale lorsqu'il « prolonge » une moitié du fil, à droite ou à gauche, le transformant ainsi en un demi-plan :

> *J'avais collé plusieurs fois un petit carré de papier noir sur un côté du fil de fer, ... et j'avais toujours vu les franges intérieures de l'ombre disparaître ... J'ai fait sur le champ*

cette réflexion : puisqu'en interceptant la lumière d'un côté du fil, on fait disparaître les franges intérieures, le concours des rayons qui arrivent des deux côtés est nécessaire à leur production.

Les franges extérieures sont aussi modifiées, comme on le voit sur la figure 6. Ce nécessaire « concours de rayons » est, en germe, ce qu'Arago sera fier de nommer quelque temps plus tard des interférences, terme puisé dans le mémoire d'Young.

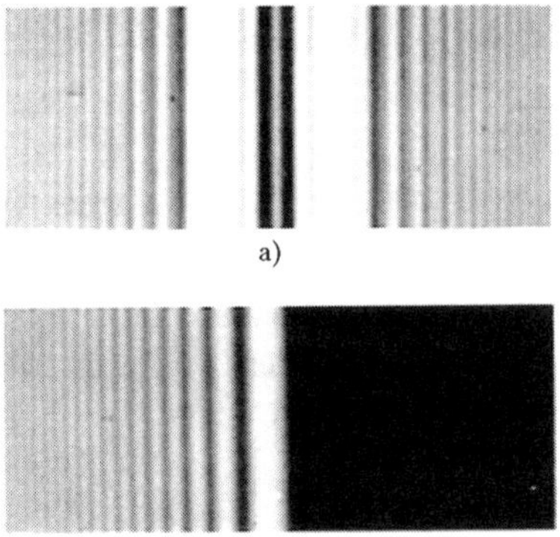

a)

b)

Fig. 6. *a*) Ombre portée d'un fil (diffraction par un fil fin symétrique) ; *b*) Diffraction par le bord d'un écran (que l'on peut aussi considérer comme un fil dont un côté est caché). Les rayons lumineux en interférence sont complètement différents dans les deux cas, ce que démontre la différence des images. (Doc. Institut d'Optique.)

Premiers succès de la théorie

Comment expliquer les franges et leur position ?

C'est la rencontre, le croisement même de ces rayons qui produisent les franges ... Les vibrations des rayons qui se croisent peuvent se contrarier lorsque les ventres [de chacune] sont en opposition et se fortifier mutuellement, au contraire, lorsque leurs mouvements sont en harmonie.

Fresnel songe d'abord à l'interférence entre deux rayons.

Pour les franges extérieures de la figure 4, il calcule la différence de marche entre le rayon arrivant directement de R en F et celui issu du bord A. Au plus bas ordre en $x = \mathrm{FT}$ et en c, la différence de marche $d = \mathrm{RA} + \mathrm{AF} - \mathrm{RF}$ est telle que $x^2 \approx 2db(b+a)/a$, comme le montre un calcul géométrique simple. Par conséquent, on doit observer des franges brillantes (interférences constructives) pour $d = n\lambda$ et des franges sombres pour $d = (2n+1)\lambda/2$, n entier positif, soit des franges situées respectivement en

$$x = \sqrt{2n\lambda b(b+a)/a} \quad \text{et en} \quad x = \sqrt{(2n+1)\lambda b(b+a)/a}. \tag{1}$$

Cela semble bien confirmé par les mesures. Pour les franges intérieures, ce sont les rayons AM et A′M qui interfèrent. Si y est l'abscisse de M, un calcul géométrique simple donne pour position y des franges brillantes dans la même approximation

$$y = nb\lambda/2c \tag{2}$$

soit des franges équidistantes effectivement observées (§28-30).

En variant les distances a et b, Fresnel remarque avec intérêt (§21 et 22) que les franges extérieures (de tous les ordres)

> *... ne se propagent pas en ligne droite, mais suivant des hyperboles dont les foyers sont au point lumineux et au bord du fil.*

Ce résultat se lit sur ses hypothèses. Les franges extérieures sont disposées suivant des courbes telles que $\mathrm{FR} - \mathrm{FA} = d + \mathrm{RA}$ soit constant, un multiple entier de λ, c'est-à-dire sur une famille d'hyperboles[9] (RA est constant). De même pour les franges intérieures : $\mathrm{MA}' - \mathrm{MA} = n\lambda$.

Quand Fresnel dit que les franges « se propagent », il compare à ce que l'on attendrait de la part d'ombres, en précisant bien qu'il s'agit du lieu géométrique de ces franges.

9. Une hyperbole de foyers A et B est l'ensemble des points M tels que $\mathrm{MA} - \mathrm{MB} =$ constante.

En examinant les tableaux de résultats expérimentaux, on est, comme Fresnel, tenté de conclure que c'est là une magnifique théorie, en parfait accord avec l'expérience.

Calcul d'interférences à deux rayons

Fresnel fait, comme on l'a dit, ses calculs sur des interférences à deux rayons, conformément à ce qu'il indique au §16 :

> *« À l'extérieur les franges sont produites par le croisement des rayons partant du point lumineux et des bords du fil, et dans l'intérieur de l'ombre elles proviennent du croisement des rayons infléchis de chaque côté par les bords du fil. »*

On reprend les notations de la figure 4, et on note la différence de marche $d = \mathrm{RA} + \mathrm{AF} - \mathrm{RF}$ (pour un point externe), θ l'angle (RA, RF), β l'angle (RC, RF). En appliquant l'égalité triangulaire :

$$\mathrm{AF}^2 = \mathrm{RF}^2 + \mathrm{RA}^2 - 2\mathrm{RA.RF}.\cos\theta$$
$$\mathrm{AF}^2 = (\mathrm{RF} - \mathrm{RA})^2 + 2\mathrm{RA.RF}.(1 - \cos\theta)$$
$$\mathrm{AF}^2 = (\mathrm{AF} - d)^2 + 2\mathrm{RA.RF}.(1 - \cos\theta)$$

En supprimant les termes en d^2, et en développant en θ (d et θ petits) :

$$2\mathrm{AF}.d = \mathrm{RA.RF}.\theta^2$$

Or β et θ sont petits, on peut écrire : $\beta = \mathrm{tg}\,\beta = y/(a+b)$, et $\beta + \theta = \mathrm{tg}(\beta + \theta) = (x+y)/(a+b)$, d'où $\theta = x/(a+b)$; on en déduit :

$$x^2 \approx \frac{2d \times \mathrm{AF} \times (a+b)^2}{\mathrm{RA} \times \mathrm{RF}}.$$

Or $\mathrm{RF} = (a+b)\cos(\beta+\theta) = (a+b) + 2^{\mathrm{nd}}$ ordre, on peut prendre $\mathrm{RF} \approx (a+b)$ (on reste au second ordre en d à droite en prenant cette approximation) ; de même $\mathrm{AF} \approx b$ et $\mathrm{RA} \approx a$, soit :

$$x^2 \approx \frac{2db(a+b)}{a}.$$

On observe en avant-dernière colonne du §21 les résultats obtenus par Fresnel suivant la formule ci-dessus, et en dernière colonne la différence (minime) entre le calcul et la mesure avec le micromètre (troisième colonne en partant de la gauche) :

NUMÉROS D'ORDRE.	DISTANCE du point lumineux au fil de fer.	DISTANCE du fil au micromètre.	LARGEUR de l'ombre observée entre les deux franges extérieures.	LARGEUR de l'ombre telle qu'elle serait sans la diffraction.	DIFFÉRENCE, ou double de la distance, de la 1re frange au bord de l'ombre géométrique.	RÉSULTATS donnés par la formule $2\sqrt{\frac{2db(a+b)}{a}}$	DIFFÉRENCE entre les résultats de l'observation et ceux du calcul.
1	$1^{\mathrm{m}},49$	$0^{\mathrm{m}},385$	$0^{\mathrm{m}},00264$	$0^{\mathrm{m}},00126$	$0^{\mathrm{m}},00138$	$0^{\mathrm{m}},00141$	$-\ 0^{\mathrm{m}},00003$
2	1 ,49	1 ,107	0 ,00459	0 ,00174	0 ,00285	0 ,00283	+ 0 ,00002
3	1 ,49	4 ,186	0 ,0118	0 ,00381	0 ,00799	0 ,00812	− 0 ,00013
4	0 ,342	0 ,028	0 ,00142	0 ,00108	0 ,00034	0 ,00035	− 0 ,00001
5	0 ,342	0 ,1485	0 ,00243	0 ,00143	0 ,00100	0 ,00094	+ 0 ,00006
6	0 ,342	0 ,383	0 ,00397	0 ,00212	0 ,00185	0 ,00183	+ 0 ,00002

La différence de marche de la figure 7 (voir plus loin) peut aussi s'exprimer suivant une formule analogue, utilisant l'égalité triangulaire $\mathrm{P}n^2 = \mathrm{PC}^2 + \mathrm{C}n^2 - 2\mathrm{PC}.\mathrm{C}n.\cos\theta$. Soit, en posant $\delta = n\mathrm{S}$:

$$(b+\delta)^2 = (a+b)^2 + a^2 - 2(a+b)a\cos\theta$$

au plus bas ordre en δ (δ petit devant b), on a :

$$b^2 + 2b\delta = (a+b)^2 + a^2 - 2(a+b)a + 2(a+b)a(1-\cos\theta)$$

soit

$$2b\delta = 2(a+b)a(1-\cos\theta)$$

et, puisque θ est petit :

$$b\delta = (a+b)a\theta^2/2.$$

Or l'abscisse curviligne sur le cercle $z = \mathrm{M}n = a\theta$, donc :

$$\delta = z^2(a+b)/2ab.$$

La théorie s'écroule et renaît

Parfait, pas tout à fait, ou pas du tout ? Fresnel a remarqué quelques différences minimes. La plus importante est la suivante, plus clairement exprimée dans son mémoire de 1818 [10] que dans celui-ci. Reprenons la formule (1) ci-dessus et suivons ses analyses :

D'après la formule ci-dessus, la valeur de x qui correspond au point le plus sombre de la bande obscure du premier ordre, devrait être $\sqrt{\lambda b(a+b)/a}$. *Mais il résulte au contraire de l'observation, que c'est à peu près l'endroit le plus brillant de la première frange. D'après la même théorie, le bord de l'ombre géométrique, où la différence des chemins parcourus est nulle, devrait être plus brillant que le reste de la frange, et c'est précisément le point le plus sombre en dehors de l'ombre géométrique. En général, la position des bandes obscures et brillantes déduite de cette formule est presque exactement inverse de celle que donne l'expérience.*

Les différences sont minimes en valeur absolue, c'est grâce à la précision de ses manipulations que Fresnel peut être certain de cette affirmation. Il a calculé en fonction de a, b et c la position précise de l'ombre géométrique, ce qui décale légèrement les choses. Sa théorie est fausse ! Mais il sait être pragmatique :

C'est là la première difficulté que rencontre cette théorie. Pour la lever, il faut supposer que les rayons réfléchis sur le bord de l'écran éprouvent un retard d'une demi-ondulation ; alors on doit ajouter $\lambda/2$ *à la différence des chemins parcourus, et la formule générale devient* $x = \sqrt{(2d+\lambda)b(a+b)/a}$.

Cette idée est ingénieuse. Bien des théoriciens s'en seraient contentés, en avançant de savants arguments sur l'interaction entre les molécules du fil et celles de la lumière.

Mais la réponse est ailleurs. L'élément déclencheur de la vraie théorie de Fresnel est difficile à dater avec précision. Il

10. « Mémoire sur la diffraction de la lumière », par M.A. Fresnel, couronné par l'Académie des Sciences le 29 juillet 1818, *Mémoire de l'Académie des Sciences,* t. 5, p. 339-475 + planche.

s'est produit entre la publication de ce mémoire et de celui de 1818, couronné par l'Académie, où Fresnel parle véritablement de théorie « complète » de la lumière ; plus précisément, entre 1815 et son pli cacheté du 20 avril 1818.

La théorie complète

Fresnel comprend que ses calculs proviennent d'une approximation où deux rayons et deux seuls entrent en interférence. Il lui faut généraliser cela à un ensemble de rayons, à une onde tout entière.

La réponse se trouve dans le principe de Huygens. Il deviendra le principe de Huygens-Fresnel, ainsi nommé par Kirchhoff et Bunsen en 1870. La formulation de ce principe, que Fresnel présente dans son pli cacheté comme allant de soi, est la suivante :

> *La théorie des ondulations ... conduit à une explication complète des phénomènes, au moyen du principe d'Huygens qu'on peut énoncer ainsi :* ***les vibrations d'une onde lumineuse dans chacun de ses points sont égales à la somme de tous les mouvements élémentaires qu'y enverrait au même instant, en agissant isolément, chaque petite partie de cette onde considérée dans une quelconque de ses positions antérieures.***

L'idée d'utiliser le principe d'Huygens est venue à Fresnel dans un des multiples échanges qu'il a eus pendant les trois années séparant les deux mémoires. Il est possible que tout simplement quelqu'un ait fait allusion aux travaux d'Huygens comme partie intégrante des idées sur la lumière et que Fresnel, penaud de les avoir ignorés, se soit rapidement mis à la page. On ne trouve pas de lettre d'Arago sur ce sujet. Fresnel n'en parle à son frère Léonor qu'en 1816.

Le résultat est contenu dans le mémoire de 1818 couronné par l'Académie. Il y est présenté dans la deuxième partie, de manière un peu théâtrale, comme débouchant sur la véritable théorie, après une longue analyse des imperfections de la théorie à deux rayons (cas particulier applicable aux trous d'Young).

Reprenons la diffraction par un écran infini, représenté sur la figure 7, tirée du mémoire de 1818.

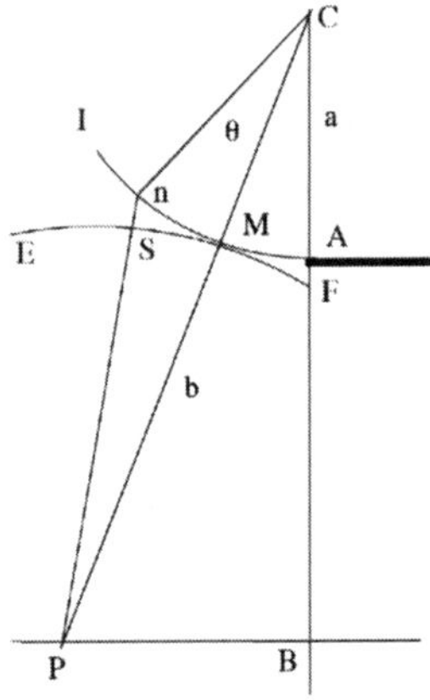

Fig. 7. Diffraction par un demi-plan infini AG.

Dans cette figure, C est maintenant la source, et P le point d'observation. M, appelé « pôle » par Fresnel, est l'intersection du cercle AMI, de rayon a centré en C, avec la droite CP. Sur ce cercle, les ondes émises en C sont toutes en phase et d'égale intensité. Le cercle FME est centré en P et de rayon b.

L'angle θ est représenté pour la commodité. On veut évaluer la différence de marche δ entre CnP et CMP soit Pn + nC − PC, notée nS sur la figure, au plus bas ordre en fonction de l'abscisse curviligne $z = \mathrm{M}n = a\theta$. Un calcul géométrique sur le triangle PnC (voir encadré ci-dessus) donne au plus bas ordre

$$\delta = \left(\frac{a+b}{b}\right)a(1-\cos\theta) \approx \left(\frac{a+b}{2ab}\right)z^2. \qquad (3)$$

Fresnel introduit alors une représentation des amplitudes lumineuses périodique dans le temps et dans l'espace, c'est à dire une représentation de la propagation des vibrations, du type

$$\mathrm{A} \propto \sin\left(2\pi\left[t - \frac{x}{\lambda}\right]\right)$$

où t est le temps en unité égale à la fréquence. Il s'agit maintenant, d'après le principe de Huygens, de sommer les amplitudes élémentaires provenant de tous les points n du cercle AMI. L'amplitude provenant du point n est

$$a(\mathrm{M}) \propto \sin\left(2\pi\left[t - \frac{\mathrm{CM}+\delta}{\lambda}\right]\right)$$
$$= \sin\left(2\pi\left[t-\frac{\mathrm{CM}}{\lambda}\right]\right)\cos\left(2\pi\frac{\delta}{\lambda}\right)-\cos\left(2\pi\left[t-\frac{\mathrm{CM}}{\lambda}\right]\right)\sin\left(2\pi\frac{\delta}{\lambda}\right) \quad (4)$$

Elle comporte deux termes en quadrature de phase, chacun étant *une même oscillation* (quel que soit le point n), multipliée par une *amplitude* obtenue en remplaçant la valeur (3) dans les termes ci-dessus :

$$\cos\left(\pi z^2\frac{a+b}{ab\lambda}\right) \quad \text{et} \quad \sin\left(\pi z^2\frac{a+b}{ab\lambda}\right) \quad (5)$$

La somme de toutes les amplitudes va, elle aussi, être une somme de deux termes en quadrature de phase, d'amplitudes respectives

$$\int dz\cos\left(\pi z^2\frac{a+b}{ab\lambda}\right) \quad \text{et} \quad \int dz\sin\left(\pi z^2\frac{a+b}{ab\lambda}\right) \quad (6)$$

où apparaissent les célèbres intégrales de Fresnel. L'intégration porte sur l'intervalle

$$\int_0^\infty dz\cos\left(\pi z^2\frac{a+b}{ab\lambda}\right) + \int_0^u dz\cos\left(\pi z^2\frac{a+b}{ab\lambda}\right)$$

où u correspond à l'abscisse curviligne AM du point A, comptée depuis l'origine en M[11] (on notera en effet que les rayons passant

11. Le terme de gauche correspond à l'intégration à gauche de M, le terme de droite à l'intégration à droite de M, c'est-à-dire entre M et A.

par deux points n et n' du cercle AMI symétriques par rapport à M ont la même différence de marche).

Ces intégrales (6) sont des fonctions transcendantes de u, mais on sait qu'elles valent toutes deux $1/2$ dans le cas particulier $u = 0$ (et $(a+b)/ab\lambda = 1/2$). Fresnel se met donc à les calculer numériquement, à la main, « d'une façon commode » par des développements en série, avec une précision de quelques dix-millièmes [12] !

Le résultat est spectaculaire. L'intensité lumineuse est proportionnelle au carré de l'amplitude, soit à

$$\left[\int dz \cos\left(\pi z^2 \frac{a+b}{ab\lambda}\right)\right]^2 + \left[\int dz \sin\left(\pi z^2 \frac{a+b}{ab\lambda}\right)\right]^2 \qquad (7)$$

(lorsque l'on moyenne sur le temps, pour des temps très supérieurs à la période, le terme croisé du carré de l'amplitude (4) s'élimine).

Toutes les imperfections de la théorie des deux rayons disparaissent. Théorie et expérience sont en plein accord, à la précision tant de la mesure que du calcul !

Le point blanc de Poisson

Les débats sont acharnés. Laplace, Biot, Poisson, partisans de la théorie de l'émission sont sceptiques, Arago et Gay-Lussac sont enthousiastes.

On vit un moment de stupéfaction quand Poisson fait remarquer que la théorie prévoit qu'au centre de l'ombre d'un petit disque circulaire, ou d'une sphère opaques, les intégrales de Fresnel se calculent facilement et qu'on devrait voir, paradoxalement, un point brillant. Notons que la simple symétrie du problème montre qu'en effet tous les rayons sont en phase sur cet axe et qu'ils y interfèrent constructivement. Fresnel et Arago font immédiatement l'expérience et confirment cette prévision étonnante (fig. 8) vraiment contraire à la théorie de l'émission.

12. J. Z. Buchwald, *op. cit.*, page 167.

La stupéfaction cède la place à l'enthousiasme, et Laplace félicite publiquement Fresnel.

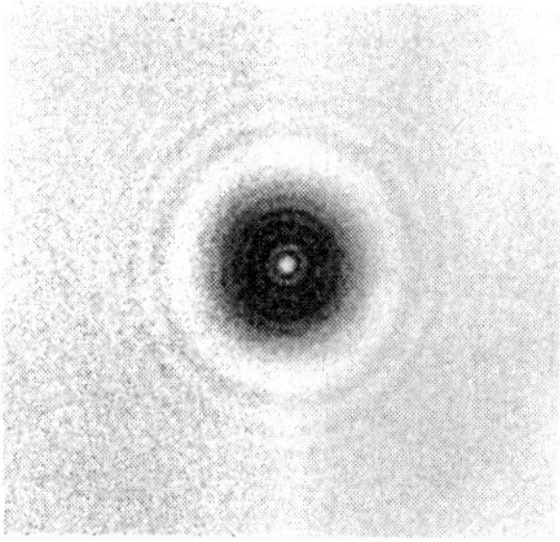

Fig. 8. Point brillant au centre de l'ombre d'un disque ou d'une sphère. (Doc. Institut d'Optique.)

La notoriété scientifique

De 1814 à 1815, Fresnel a travaillé sans connaître les travaux d'Young. Il est dépité d'apprendre en 1816 par Arago qui a visité l'Angleterre avec Gay-Lussac, après le blocus, que les travaux d'Young, antérieurs aux siens, aboutissent aux mêmes résultats, mais il est beau joueur. Il écrira à Young [13] :

> *Ce que vous m'avez laissé à faire était aussi difficile que ce que vous aviez fait. Vous aviez cueilli les fleurs, j'ai creusé avec peine pour atteindre les racines...*

Il aura par la suite de nombreux échanges avec Young avec qui il se liera d'amitié.

En 1816 Arago fait mettre à sa disposition la « chambre obscure » de l'École polytechnique dotée d'un héliostat. En mars, Fresnel réalise la célèbre expérience d'interférences dite « des miroirs de Fresnel » de même nature mais plus précise que celle des trous d'Young.

13. La correspondance de Fresnel et Young se trouve dans le volume 2 des *Œuvres complètes.* La présente lettre, du 26 novembre 1824, est le document LVI, en page 768.

Les travaux d'Young n'avaient en aucune façon la profondeur de ceux de Fresnel, ni sur le plan expérimental, ni sur celui de l'analyse théorique. Young, pragmatique, n'avait pas le talent expérimental de Fresnel, ni le sens de l'estimation des erreurs. Laplace a dit de lui : « Young n'a jamais bien compris la différence qu'il y a entre un aperçu des choses et une véritable démonstration. »

La première gloire de Fresnel, qui est ingénieur rappelons-le, vient donc en 1819. L'Académie des sciences avait décidé en 1817 de consacrer son grand prix des sciences mathématiques à l'étude expérimentale et théorique des phénomènes de diffraction. Fresnel, encouragé par Arago et Ampère, présente un mémoire et gagne (on doit à la vérité de dire que deux projets seuls étaient soumis – dont un manifestement erroné). Les rapporteurs sont Laplace, Biot, Poisson, Arago et Gay-Lussac.

Le principe de Huygens, qui deviendra le Principe de Huygens-Fresnel, trouve sa formulation complète. Chaque élément d'une surface d'onde peut être considéré comme émettant à son tour des ondes élémentaires. Mais la grande différence est que ces ondes vont interférer ce qui va expliquer les maxima et minima des franges d'interférences et de diffraction.

Un triomphe est que Fresnel peut ainsi expliquer le *rayon lumineux* dans le cadre de la théorie ondulatoire. L'interférence des ondes en dehors d'une faible région autour de la direction principale du rayon lumineux est destructive. Le rayon lumineux, de nature ondulatoire, préserve dans sa propagation sa définition géométrique, dans des limites bien définies et calculables, déterminées par la diffraction.

Soulignons qu'à la fin du mémoire on peut lire les trois remarques suivantes que nous ne commenterons pas ici.

- Par des arguments de cohérence, Fresnel montre la loi de la réflexion.
- De même il démontre la loi de la réfraction en supposant que la vitesse de la lumière est plus faible dans un milieu matériel que dans le vide (contrairement à Newton et à Descartes, pour qui un rayon devait être « attiré » par le milieu, et la

vitesse plus grande) :

> *Je tire de cette théorie une conséquence absolument opposée à celle de Newton : c'est que la marche de la lumière est plus lente dans le verre que dans l'air, suivant le rapport du sinus de réfraction à celui d'incidence.*

- Enfin, dans son § 44, on trouve la constatation :

> *Une conséquence remarquable de ce principe, c'est que le chemin que suit la lumière en se réfractant est celui qui l'amène le plus promptement d'un point pris dans l'air à un autre point pris dans le verre.*

Cela n'est autre que le principe de Fermat ! Il y a fort à penser, Lagrange ayant enseigné à l'École polytechnique à ses débuts, que Fresnel connaissait cette idée. Il est néanmoins curieux qu'il ne mentionne jamais Fermat dans ses écrits.

Polarisation et optique des milieux anisotropes

En mai 1818, Fresnel se plonge sur les phénomènes de polarisation. Il établit la transversalité des vibrations lumineuses de « l'éther », d'abord très controversée, même par Arago. Les ondes lumineuses sont fondamentalement différentes des ondes sonores, longitudinales.

À partir de 1819, avec Arago, il entreprend une étude systématique de la double réfraction et des propriétés de polarisation associées. Il formalise complètement la notion d'ondes lumineuses et la notion de polarisation.

Dans une série de mémoires s'échelonnant entre le 19 novembre 1821 et le 31 mars 1822, Fresnel met au point la théorie de la double réfraction dans les cristaux uniaxes et biaxes [14]. Il introduit les notions de surface des indices et d'ellipsoïde des indices qui portent son nom.

Fresnel est élu à l'Académie des sciences le 12 mai 1823 à l'unanimité. Mais sa santé décline rapidement, et il se sent débordé par la multiplicité de ses tâches. À l'issue d'une session

14. Voir article de J. Crassous ci-après.

d'examens oraux à l'École polytechnique, dont il parle à Young en soulignant « ... je suis accablé par la fatigue et le besoin de sommeil... », il est frappé par une forte crise d'hémoptysie.

Il cesse son travail scientifique en 1825 et ne se consacre plus qu'à son métier d'ingénieur. Une semaine avant sa mort, en 1827, Arago, son ami, admirateur et protecteur, vient lui présenter la médaille Rumford que lui a décernée la Royal Society en le nommant membre associé.

Les expériences d'Arago sur la vitesse de la lumière

James Lequeux

Nommé en 1805 secrétaire-bibliothécaire de l'Observatoire de Paris, François Arago (1786-1853) commence aussitôt des expériences sur la réfraction des gaz sous la responsabilité de Biot et participe à l'activité proprement astronomique de l'Observatoire : mesures de positions d'étoiles pour préciser la latitude de Paris, réduction de données pour la détermination d'orbites de comètes.

Il s'intéresse aussi à la vitesse de la lumière, peut-être à l'instigation de Laplace. Il cherche à voir si la vitesse de la lumière est différente d'une étoile à l'autre. Il essaye aussi de détecter une variation éventuelle de la vitesse de la lumière lorsque la Terre se rapproche ou s'éloigne de l'étoile. Il fait dans le dernier cas l'hypothèse implicite, qui est alors considérée comme évidente par tous, que la vitesse de la Terre s'ajoute ou se retranche simplement à la vitesse de la lumière (la relativité restreinte nous montre que c'est faux, la vitesse de la lumière dans le vide étant constante). Arago doit donc chercher dans le premier cas si l'angle de déviation par un prisme de la lumière de l'étoile change d'une étoile à l'autre, et dans le deuxième cas si cet angle varie à différentes époques de l'année pour une même étoile, la vitesse de la Terre autour du Soleil étant alors orientée différemment par rapport à la direction de l'étoile.

Le travail d'Arago est décrit dans un mémoire présenté à l'Institut le 10 décembre 1810, mais non publié ; il l'a retrouvé peu avant sa mort en 1853 et fait publier par l'Académie des sciences « sans en changer un seul mot » [1]. Il y écrit :

1. *CRAS* 36 (1853) p. 38-49 ; *OC* t. 7, p. 548-568.

Si on se rappelle que la déviation qu'éprouvent les rayons lumineux en pénétrant obliquement dans les corps diaphanes est une fonction déterminée de leur vitesse primitive[2], *on verra que l'observation de la déviation totale à laquelle ils sont assujettis en traversant un prisme fournit une mesure naturelle de leur vitesse.*

En 1805-1806, Arago expérimente avec un prisme d'angle 45′, dont la dispersion est suffisamment petite pour lui permettre de travailler en lumière blanche. Il observe avec et sans prisme des sources artificielles de lumière, des étoiles, le Soleil, la Lune, les planètes. Il constate que la déviation de leur lumière par le prisme est toujours égale à 25′, avec des écarts de 8 secondes de degré au plus, qu'il considère avec raison comme dus aux erreurs de mesure. Il en déduit que les variations de la vitesse de la lumière ne dépassent pas 1/480e. L'existence de grandes variations de la vitesse de la lumière d'une étoile à l'autre est donc fortement mise en doute. Ce résultat fait grand bruit car il paraît en contradiction avec la théorie corpusculaire.

Arago est alors envoyé mesurer le méridien de Barcelone aux îles Baléares, et l'affaire reste en suspens jusqu'à son retour en 1809. À ce moment, le mémoire dans lequel il avait décrit en 1806 ses premières observations n'avait pas encore été examiné par un rapporteur. Aussi Delambre s'empresse-t-il de présenter un rapport sur ce mémoire à la Première classe de l'Institut (le nom provisoire de l'Académie des sciences) le 4 septembre 1809 : le travail d'Arago est certainement un des éléments qui ont favorisé son élection à l'Institut deux semaines plus tard. Arago décide alors de faire de nouvelles mesures avec un prisme

2. Dans la théorie corpusculaire de la lumière, sur laquelle est basé l'article, on imagine pour expliquer la réfraction que les « corpuscules de lumière » subissent une accélération brutale en pénétrant dans un corps réfringent, et que cette accélération est constante, indépendante de leur vitesse primitive : en conséquence, on pense que le rapport entre la vitesse avant et après n'est pas indépendant de la vitesse initiale, et que l'angle dont le rayon est dévié dépend donc de cette vitesse. On pense donc pouvoir mesurer la vitesse initiale de la lumière en observant la déviation donnée par le prisme.

de plus grand angle, mesures qui ont lieu principalement en 1810. Comme cette fois la dispersion du prisme devient gênante si l'on observe en lumière blanche, mais comme il a besoin de cette lumière pour faire des mesures précises, Arago fait construire un prisme achromatique, c'est-à-dire de dispersion négligeable, pour pouvoir travailler en lumière blanche (fig. 1).

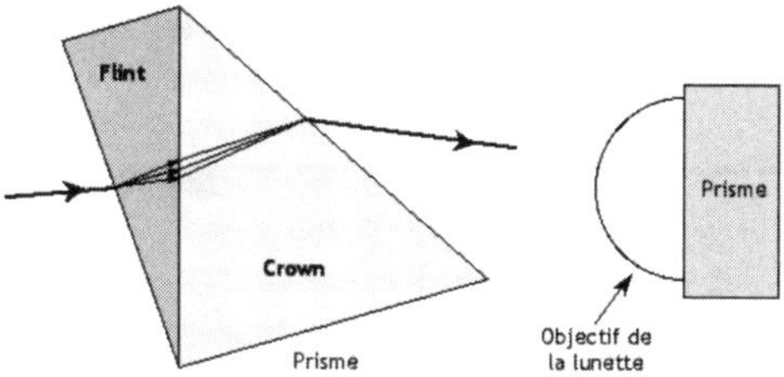

Fig. 1. *Le prisme achromatique d'Arago.* La lumière entre dans un prisme de verre flint, où elle est réfractée de façon différente selon sa couleur, puis dans un prisme de crown collé au précédent, qui corrige la dispersion du flint ; finalement, l'angle dont la lumière est déviée est le même quelle que soit sa couleur, ce qui permet d'observer en lumière blanche. On ne sait pas quelle orientation avait le prisme par rapport à la lumière incidente. Dans sa dernière série d'observations, Arago plaçait une série de deux prismes achromatiques collés ensemble devant la moitié de l'objectif d'une lunette, comme indiqué à droite.

Le prisme achromatique, qui donne une déviation d'un peu plus de 10°, est fixé devant l'objectif de la lunette d'un cercle méridien mural, ce qui fait que les étoiles sont observées à leur passage au méridien. Le prisme peut tourner sur lui-même et se déplacer latéralement. Arago fait des mesures, avec et sans prisme, de la distance angulaire au zénith de diverses étoiles au moment de leur passage au méridien (fig. 2). Il répète ces mesures à différentes époques de l'année. Il trouve que les déviations par le prisme ainsi mesurées ne présentent que de très faibles différences d'une étoile à l'autre, qu'il attribue aux erreurs de mesure. Pour diminuer leur effet, il fait néanmoins construire un autre prisme.

Cette fois encore, aucune différence significative n'est trouvée d'une étoile à l'autre. La vitesse de la lumière ne semble pas dépendre des propriétés de l'étoile émettrice. Par ailleurs, si la vitesse de la lumière s'était composée simplement avec celle de la Terre, Arago aurait pu détecter facilement l'effet de ce mouvement sur la vitesse de la lumière : il aurait produit à deux périodes opposées de l'année une déviation atteignant, pour les étoiles proches de l'écliptique, 6″ avec le prisme achromatique simple et 14″ avec le prisme double. Il n'a rien observé de tel.

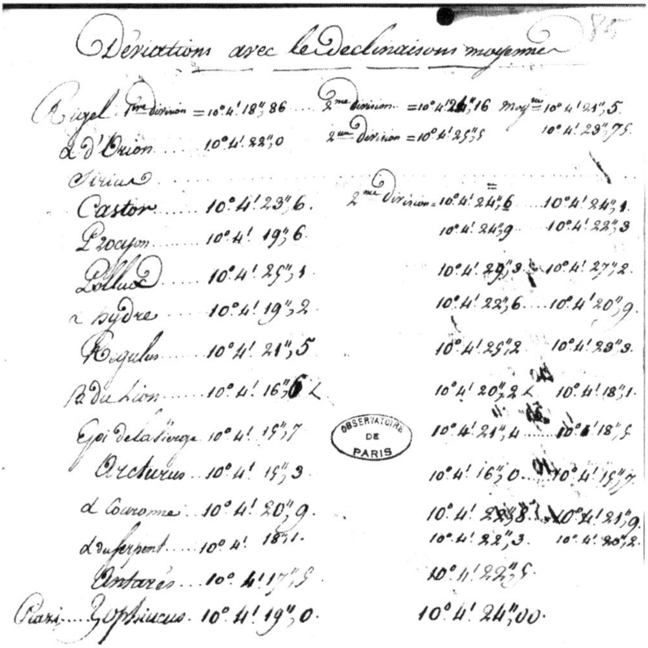
Déviations avec le Déclinaisons moyenne

Rigel	1re division = 10°4'18",86	2me division = 10°4'24",16	Moyenne = 10°4'21",5
α d'Orion	10°4'22",0	2me division = 10°4'25",5	10°4'23",75
Sirius			
Castor	10°4'23",6	2me division = 10°4'24",6	10°4'24",1
Procyon	10°4'19",6	10°4'24",9	10°4'22",3
Pollux	10°4'25",1	10°4'29",3	10°4'27",2
α Hydre	10°4'19",2	10°4'22",6	10°4'20",9
Regulus	10°4'21",5	10°4'25",2	10°4'23",3
β du Lion	10°4'16",6	10°4'20",2	10°4'18",1
Epi de la Vierge	10°4'15",7	10°4'21",4	10°4'18",5
Arcturus	10°4'15",3	10°4'16",0	10°4'15",7
α Couronne	10°4'20",9	10°4'22",8	10°4'21",9
α du Serpent	10°4'18",1	10°4'22",3	10°4'20",2
Antarès	10°4'17",5	10°4'22",5	
Piazzi ... ζ Ophiucus	10°4'19",0	10°4'24",00	

Fig. 2. Page d'un cahier autographe d'Arago où il reporte le résultat final de ses premières mesures avec le prisme achromatique. Il y indique la différence de déclinaison de diverses étoiles mesurée avec et sans prisme avec les deux divisions opposées d'un cercle mural, puis leur moyenne, c'est-à-dire la déviation de ce prisme. On voit que les différences d'une étoile à l'autre ne sont que de quelques secondes de degré, dues seulement aux erreurs de mesure.

Fig. 3. Le cercle répétiteur de Fortin de l'Observatoire de Paris.

Arago et Laplace sont perplexes devant ces résultats. Ils hésitent entre deux explications : soit la théorie newtonienne est fausse et la vitesse de la lumière est constante, soit l'œil ne peut percevoir que des « grains de lumière » ayant une vitesse donnée. C'est la seconde hypothèse qu'ils retiennent.

Arago écrit en effet :

> *Il semble* [...] *qu'on ne peut rendre raison* [de l'observation] *qu'en supposant que les corps lumineux émettent des rayons avec toutes sortes de vitesses, pourvu qu'on admette également que ces rayons ne sont visibles que lorsque leurs vitesses sont comprises entre des limites déterminées. Dans cette hypothèse, en effet, la visibilité des rayons dépendra de leurs vitesses relatives, et, comme ces mêmes vitesses déterminent la quantité de la réfraction, les rayons visibles seront toujours également réfractés.*

Ils en tirent une conséquence assez inattendue, mais qui montre qu'ils soupçonnent que les rayonnements infrarouge et ultraviolet sont de même nature que la lumière, ce qui est loin d'être évident à l'époque :

> *Il ne sera peut-être pas inutile de noter que les observations dont je viens de rendre compte et la supposition qui les explique se lient d'une manière très remarquable aux expériences de Herschel, Wollaston et Ritter. Le premier a trouvé, comme on sait, qu'il y a en dehors du spectre prismatique et du côté rouge, des rayons invisibles, mais qui possèdent à un plus haut degré que les rayons lumineux la propriété d'échauffer ; les deux autres physiciens ont reconnu, à peu près dans le même temps, que du côté du violet il y a des rayons invisibles et sans chaleur, mais dont l'action chimique sur le muriate* [chlorure] *d'argent et sur plusieurs autres substances est très sensible* [bien entendu, il s'agit respectivement de l'infrarouge et de l'ultraviolet]. *Ces derniers rayons ne forment-ils pas la classe de ceux auxquels il ne manque qu'une petite augmentation de vitesse pour devenir visibles, et les rayons calorifiques ne seraient-ils pas ceux qu'une trop grande vitesse a déjà privés de la propriété d'éclairer ?*

Quoi qu'il en soit, les observations d'Arago ont jeté le trouble chez les partisans de la théorie newtonienne. Arago en fait encore partie, mais plus pour longtemps. Alexandre de Humboldt s'en est fait l'écho dans sa préface aux *Œuvres complètes* d'Arago [3] :

> *Au moyen de l'application d'un prisme à l'objectif d'une lunette,* [Arago] *avait prouvé non-seulement que les mêmes tables de réfraction peuvent servir pour la lumière qui émane du Soleil et pour celle qui nous vient des étoiles* [voici au moins une application pratique des observations d'Arago], *mais en outre, ce qui jetait déjà bien des doutes*

3. *OC* t. 1, p. I-XXXII.

sur la théorie de l'émission, que les rayons des étoiles vers lesquelles marche la terre, et les rayons des étoiles dont la terre s'éloigne, se réfractent exactement de la même quantité. Pour concilier ce résultat, obtenu à la suite d'observations très délicates, avec l'hypothèse newtonienne, il aurait fallu admettre que les corps lumineux émettent des rayons de toutes les vitesses, et que les seuls rayons d'une vitesse déterminée sont visibles, qu'eux seuls produisent dans l'œil la sensation de lumière.

Arago mentionne d'autres propositions d'expériences liées à l'aberration destinées à rechercher des différences dans la vitesse de la lumière, qui consistent à observer la position des étoiles avec une lunette remplie d'eau. Dues à Rudjer, puis à Alexander Wilson et reprises encore dans la seconde moitié du XIXe siècle par l'astronome anglais Airy et par d'autres encore, elles n'ont pas plus abouti que les siennes.

Perturbé par son résultat, Arago, qui est de plus en plus persuadé de la validité de la théorie ondulatoire, se tourne vers son ami Fresnel pour lui demander d'essayer d'interpréter ses observations dans le cadre de cette théorie. Le travail de Fresnel est publié en 1818 dans les *Annales de Chimie et de Physique*[4] sous la forme d'une lettre à Arago. Fresnel comprend que la vitesse de la lumière dans le prisme d'Arago ne s'additionne pas simplement avec la vitesse u de la Terre : ceci préfigure dans une certaine mesure la relativité restreinte. Il exprime ceci en disant que l'éther dans le prisme en mouvement n'acquiert pas la vitesse u, mais n'y est entraîné que partiellement avec la vitesse $u(1 - 1/n^2)$, n étant l'indice de réfraction du verre du prisme.

Mais Arago cesse de s'intéresser au problème, car il est engagé dans des travaux avec Ampère concernant l'électromagnétisme. On se serait attendu à ce qu'il en eût dit quelques mots en présentant en 1853 son article de 1810, mais il n'en est rien. L'hypothèse de l'« entraînement partiel » de l'éther, émise

4. *ACP* 19 (1818) p. 57, reproduit dans Fresnel (1866, 1868, 1870) t. 1, p. 627-636.

par Fresnel pour expliquer le résultat de l'expérience d'Arago de 1810, aurait été complètement oubliée si Fizeau n'avait fait allusion au texte de Fresnel à propos de son expérience de 1849.

Quoi qu'il en soit, même si elles ont été réalisées dans le cadre de la théorie corpusculaire de la lumière, même si leur relation écrite n'a été faite qu'en 1853, les expériences d'Arago de 1810 restent un jalon fondamental dans la connaissance de la nature de la lumière et dans la validation de la théorie de la relativité restreinte de 1905.

Foucault et la mesure de la vitesse de la lumière dans l'eau et dans l'air

Jean-Jacques Samueli

Jean Bernard Léon Foucault, dont le père était éditeur à Paris, y naît le 18 septembre 1819. Sa famille s'installa à Nantes alors qu'il était très jeune mais, après le décès de son père en 1829, Foucault retourne à Paris où il vit le reste de ses jours, avec sa mère, dans une maison sise à l'angle des rues d'Assas et de Vaugirard [1]. Il fait ses premières années d'études au collège Stanislas à Paris où il rencontre deux futurs physiciens, Lissajous et Fizeau.

Il entame ensuite des études de médecine, sous la direction d'Alfred Donné (1801-1878), professeur libre de microscopie à la Faculté de médecine de Paris et découvreur de la leucémie, qui le prend comme assistant. Foucault invente un *microscope daguerréotype* qui lui sert pour réaliser des projections sur écran de préparations microscopiques, puis des daguerréotypes qui serviront de base à l'Atlas inséré dans le *Cours de microscopie complémentaire des études médicales...*, qu'il publia avec le professeur Donné en 1845. Mais Foucault abandonne rapidement ses études de médecine, car il ne supporte pas la vue du sang, et se tourne vers la physique.

Le même professeur Donné rendait compte dans le *Journal des Débats* des séances de l'Académie des sciences ; il abandonne cette position en 1845 et propose à Foucault de lui succéder.

Foucault est principalement connu pour son pendule, grâce

1. Les premières expériences du « pendule de Foucault », avant d'avoir lieu au Panthéon, ont lieu dans la cave de cet appartement, où l'amplitude d'oscillation n'est pas assez grande — compte tenu de la hauteur. Mais cette cave permettra néanmoins à Foucault de préparer son expérience en grandeur réelle.

auquel il démontre en 1851 la rotation quotidienne de la terre. On lui doit aussi de nombreuses autres contributions à la physique telles que l'invention du *gyroscope* et la découverte des *courants de Foucault* induits dans un métal par un champ magnétique variable. En 1857, Foucault invente le polariseur qui porte son nom et l'année suivante, il conçoit une méthode pour donner aux miroirs des télescopes réfléchissants la forme d'un sphéroïde ou d'un paraboloïde de révolution. La propriété d'un miroir sphéroïde, ou elliptique, est d'avoir deux foyers et de réfléchir à l'un deux tous les rayons partant de l'autre. En ce qui concerne le miroir parabolique [2], les rayons partant du foyer sont réfléchis parallèlement à l'axe du paraboloïde et réciproquement.

Globalement, on peut classer ses travaux dans plusieurs domaines de la physique :

- la mécanique, avec le pendule et le gyroscope ;
- l'électricité et le magnétisme, avec les courants de Foucault ;
- l'optique, avec ses inventions de polariseur et de télescopie [3], et bien sûr son expérience « cruciale » en matière de vitesse de la lumière dont il sera question dans la présente analyse ;
- sans oublier son activité de vulgarisation scientifique, à laquelle il tenait beaucoup, via sa rubrique dans le *Journal des Débats* notamment.

Foucault est nommé en 1862 membre du Bureau des longitudes. En 1864, il est reçu comme membre étranger à la Royal Society de Londres et, l'année suivante, il entre dans la section de mécanique de l'Académie des sciences de Paris. Il meurt à Paris en 1868, à l'âge de quarante-neuf ans.

2. Sur les miroirs paraboliques, voir ci-avant l'analyse par V. Guigueno d'un texte de Fresnel.

3. Ce microscope, utilisant les tout récents daguerréotypes inventés en 1836, et conçu par Foucault pendant ses études de médecine, peut aussi être rattaché à ses travaux d'optique (tels que celui commenté ici), confirmant son caractère pionnier dans les dispositifs de représentation lumineuse en médecine ou en physique.

La nature de la lumière

La nature exacte de la lumière a été l'objet de diverses hypothèses depuis l'Antiquité, les pythagoriciens soutenant la thèse de l'émission de particules et les aristotéliciens la thèse des ondes. Ce n'est que vers 1925 que la réponse vint des travaux de Bohr et de De Broglie sur la dualité onde-corpuscule : les deux théories s'avéraient justes, au moins en partie.

Dans la théorie de l'émission, développée par Newton, la lumière est composée de particules de masses différentes selon leur couleur. Lorsqu'elles arrivent à la surface d'un milieu, ces particules subissent l'action d'une force réfringente excitée par elles, perpendiculaire à cette surface, proportionnelle à la densité du corps heurté et qui s'exerce à faible distance de celui-ci. Cette force, en déviant la trajectoire des corpuscules cause à la fois la réflexion, la réfraction, la dispersion et la diffraction. Une conséquence est que la vitesse de la lumière, dans la théorie corpusculaire, est plus faible dans le vide ou dans l'air, que dans un milieu plus dense : en effet, l'attraction gravitationnelle sur les corpuscules de lumière, due au milieu plus dense, étant dirigée perpendiculairement à la surface de séparation des deux milieux ne modifiait que la composante normale de la vitesse des corpuscules lumineux en l'augmentant, la composante tangentielle ne changeant pas. L'indice de réfraction est dans cette théorie de l'émission

$$n = \frac{V_{eau}}{V_{air}} = \frac{\sin i}{\sin r}$$

où i =angle d'incidence = angle formé par le rayon incident et la normale et r = angle de réfraction = angle formé par le rayon réfracté et la normale.

En ce qui concerne la théorie ondulatoire, à la fois Huygens et un autre auteur, Pierre Ango (1640-1694), professeur de mathématiques à Rouen, avaient étudié les expériences du jésuite Ignace Gaston Pardies (1636-1673), décrites dans un manuscrit resté inédit. Ces expériences semblent avoir suggéré à Ango et Huygens leur théorie ondulatoire de la lumière. Ango avait publié en 1682 un ouvrage [4] qui fut en fait le premier énonçant l'hypothèse de la nature ondulatoire de la lumière, et Huygens possédait dans sa bibliothèque un exemplaire de ce traité [5]. Dans cette théorie, un fluide omniprésent, l'éther, est le support nécessaire au transport de la lumière. L'éther des physiciens du dix-septième siècle, de Newton, Huygens, Hooke, Pardies, Ango, remplit tous les pores de tous les corps matériels ; c'est un milieu élastique capable de propager des vibrations. Il est responsable de la cohésion des matériaux et sa densité est variable d'un corps à un autre. Dans cette théorie, la vitesse de la lumière est plus élevée dans le vide ou dans l'air, que dans les matériaux plus denses. Dans cette théorie, en effet,

$$n = \frac{\mathrm{V_{air}}}{\mathrm{V_{eau}}} = \frac{\sin i}{\sin r}.$$

Arago propose en 1838 une expérience dite cruciale pour valider l'une ou l'autre théorie [6]. La thèse de Foucault, soutenue en 1853, est la réalisation de l'expérience cruciale proposée par Arago et consistant à mesurer la vitesse de la lumière dans l'air et dans l'eau afin de valider une théorie ou l'autre.

Notons toutefois que l'expérience de Foucault n'est, en fait, pas cruciale. Elle part d'hypothèses qui ne sont pas telles que la confirmation d'une des deux théories implique la négation de l'autre – et que l'infirmation de l'une implique la validité de l'autre. En effet, l'hypothèse d'Arago et de Foucault est que toute la théorie corpusculaire est fausse si la vitesse de la lumière dans le vide est supérieure à la vitesse dans un milieu plus dense : en fait, ce résultat n'invalide que la modélisation de la réfraction dans la théorie corpusculaire.

---

4. *L'Optique*, par le P. Pierre Ango, Paris, Michallet, 1682 (en ligne sur *Google Books*).

5. Catalogue vente Huygens, Moetjens, La Hague, 1695, page 13.

6. Sur un système d'expériences à l'aide duquel la théorie de l'émission et celle des ondes seront soumises à des épreuves décisives. *CRAS*, 7, p. 954-965, 1838 ; aussi : *Annal. Chim.* LXXI, p. 49-65, 1839.

Fig. 1. De gauche à droite : Foucault (1819-1868), Arago (1784-1853), Fizeau (1819-1896). Le premier et le troisième vont se trouver en compétition pour réaliser l'expérience imaginée par le second.

Rappel de l'historique par Foucault

La thèse de Foucault commence par des *Préliminaires historiques*, dans lesquels l'auteur rappelle les trois méthodes, utilisées jusqu'alors, pour mesurer la vitesse de la lumière. Son texte procède d'une certaine vulgarisation sur ces expériences – Foucault était aussi un vulgarisateur de la science.

Il évoque d'abord la technique de Römer[7] qui

> *consiste, comme on sait, dans l'inégalité apparente des retours successifs des éclipses de satellites qui accompagnent Jupiter.*

Il évoque l'expérience de Bradley[8] sur l'aberration des étoiles :

> *Les deux vitesses* [celle de la lumière et celle de la Terre autour du Soleil] *sont comme 10 200 est à 1 ; conséquemment, lorsqu'une lunette est dirigée vers une étoile située sur le cercle d'aberration maximum, elle est entraînée dans un sens perpendiculaire à la direction de son axe, par le mouvement de la Terre ; et pendant le temps que la lumière*

7. *Journal des Savants*, 7 décembre 1676, p. 233-236 (voir ci-avant l'analyse de ce texte par F. Beaubois).

8. *Phil. Trans. London*, vol. 35, pp 637-660, 1729.

emploie à franchir la distance du centre optique de l'objectif à son foyer, l'oculaire de l'instrument s'avance parallèlement au plan focal, de la dix-millième partie environ de cette distance.

Foucault indique que c'est la proposition d'expérience formulée par Arago en 1838 qui est à l'origine de son propre travail. Le but d'Arago, comme nous l'avons déjà dit, était d'imaginer une expérience cruciale sur la vitesse de la lumière dans les milieux réfringents comme l'eau, afin de décider si la théorie de l'émission ou celle des ondulations devait, en définitive, être adoptée.

Les expériences plus récentes : Wheatstone et l'électricité, Fizeau et la lumière

Foucault décrit ensuite la méthode du miroir tournant inventée par Charles Wheatstone. Ce dernier avait imaginé une technique de mesure d'intervalle de temps entre deux événements par conversion de cet intervalle de temps en amplitude d'une déviation angulaire. C'est, peut-on dire, le premier convertisseur temps-amplitude de l'histoire, les convertisseurs temps-amplitude actuels utilisant des techniques électroniques et pouvant mesurer des intervalles de quelques picosecondes [9].

Wheatstone (1802-1875) et la mesure de la vitesse de propagation du courant électrique

L'expérience de Wheatstone avait pour but de mesurer la vitesse de propagation d'un courant électrique sur un fil conducteur [10].

Wheatstone croyait à la théorie électrique des deux fluides. Ces fluides se propageant en sens inverse depuis les deux extrémités d'un circuit électrique devaient (dans cette théorie) atteindre le milieu du

9. Cf. J.J. Samueli et al., *Instrumentation électronique en physique nucléaire*. Masson, 1968.

10. C. Wheatstone. « An account of some experiments to measure the velocity of electricity and the duration of electric light ». *Phil. Trans.* vol. 124, p. 583-591, 1834.

circuit après un certain retard dû au temps de propagation [11]. Wheatstone avait donc incorporé en série dans un fil trois éclateurs à étincelles et appliqué au circuit la différence de potentiel obtenue sur une bouteille de Leyde. Un éclateur [12] est un élément comportant deux sphères métalliques séparées par un petit intervalle d'air : lorsque la différence de potentiel aux bornes des deux sphères dépasse la tension de claquage de l'air, une étincelle se produit et l'éclateur devient conducteur en émettant un flash lumineux ainsi qu'un bruit sec. Wheatstone examinait la réflexion sur un miroir tournant des trois impulsions lumineuses qui apparaissaient dans les éclateurs lors du passage du courant, aucune déviation des faisceaux lumineux en retour ne devant intervenir si les trois impulsions lumineuses étaient synchrones. À l'inverse, tout décalage temporel de l'émission des signaux lumineux correspondait à une déviation angulaire.

La méthode de mesure du décalage temporel des impulsions lumineuses était excellente, mais la modélisation de la transmission du courant électrique était fausse et l'évaluation avec des éclateurs vouée à l'échec. Le courant dans le circuit comportant trois éclateurs en série ne pouvait, par exemple, s'établir que lorsque les trois éclateurs étaient tous conducteurs et les flashs lumineux étaient donc tous synchronisés sur la conduction du dernier éclateur. De plus, le fonctionnement d'un éclateur est lié à l'ionisation initiale du gaz séparant les électrodes, et les trois éclateurs qui étaient en vue directe, s'échangeaient un flux de photons ionisants les uns sur les autres lors de leur déclenchement. Wheatstone obtint donc des résultats non significatifs. Il trouva même une vitesse de propagation du courant électrique supérieure à la vitesse de la lumière dans le vide. Mais son expérience le rendit célèbre.

Foucault ne discute pas, dans sa thèse, la validité de l'expérience de Wheatstone sur le plan électrique, mais souligne

11. Le modèle dit classique de la conduction électrique dans les métaux ne sera proposé par Paul Drude qu'en 1902 : les électrons ponctuels mobiles se déplacent dans un réseau de cations (ions positifs) fixes.

12. Les bougies de moteur à explosion sont des éclateurs simples. Les éclateurs modernes utilisés en électronique (appelés *spark-gaps* en anglais) sont encapsulés, contiennent un gaz neutre et une troisième électrode de déclenchement. Une source radioactive alpha est quelquefois incluse pour pré-ioniser le gaz et réduire le retard et la fluctuation temporelle au déclenchement. Ces dispositifs peuvent commuter des milliers d'ampères.

Fig. 2. *Le dispositif de rotation d'un miroir mis au point par Bréguet.* On reconnaît, au centre de l'image, le petit miroir qui doit tourner à très grande vitesse (500 à 800 tours/s). Louis Bréguet[13] (1803-1883) était à la fois physicien et mécanicien, et conçut ce dispositif horloger pour ce type d'expérience (ici, il s'agit du dispositif utilisé par Fizeau). Comme l'indique Foucault : « La pièce la plus importante et la plus nouvelle de cet appareil était la machine qui devait communiquer aux miroirs le mouvement de rotation. La construction en fut confiée à M. Bréguet, dont le talent garantissait une réussite complète ». *(Image Observatoire de Paris, site www.foucault.science.gouv.fr)*

avec raison la valeur de la méthode du miroir tournant pour transformer un décalage temporel entre signaux lumineux en un décalage angulaire. Il écrit :

> *M. Wheatstone a déduit de ce genre d'expériences une valeur de la vitesse de l'électricité qui ne s'accorde pas avec les résultats de mesures plus récentes. Peut-être a-t-il été induit en erreur par des phénomènes accessoires qui compliquent*

13. C'est le grand-père de l'avionneur Louis Bréguet (1880-1955), fondateur de *Bréguet Aviation*.

le phénomène principal, mais qui sont indépendants du procédé optique qu'il a mis en usage. Si donc son travail offre encore matière à discussion, il ne semble pas que les objections puissent porter sur la propriété précieuse que possède le miroir tournant de séparer, par le déplacement angulaire de certaines images, les instants très rapprochés qui correspondent aux apparitions de phénomènes instantanés.

Fig. 3. *Le dispositif de l'expérience de Fizeau, 1849.* Pour reprendre la description qu'en fait Foucault : « M. Fizeau avait placé la lunette à oculaire [à droite de la photo] dans le belvédère d'une maison située à Suresnes, et la lunette à réflexion [au-dessus de la précédente] sur la hauteur de Montmartre, à une distance approximative de 8 633 mètres. Le disque [à gauche de la photo], portant sept cent vingt dents, était monté sur un rouage mû par des poids ». *(Image Bibliothèque de l'École polytechnique, inventaire général ministère de la Culture.)*

Foucault décrit aussi la méthode utilisée par Fizeau en 1849 pour mesurer la vitesse de la lumière dans l'air de façon directe et absolue, à l'aide d'un faisceau lumineux traversant Paris et allant de Suresnes à Montmartre, sur une distance de 8 630 mètres. L'élément essentiel de l'appareil est une roue dentée tournante qui découpe en impulsions un faisceau continu incident. Une lunette envoie le faisceau haché partant de Suresnes sur une lunette identique placée à Montmartre qui le focalise sur un miroir, puis le faisceau est renvoyé au travers de la lunette vers Suresnes. Cette dernière focalise alors la lumière de l'autre côté de la roue dentée. L'observation du faisceau réfléchi est fonction de la vitesse de rotation de la roue dentée, la lumière étant transmise ou arrêtée par cette roue suivant ladite vitesse et le nombre de dents. Le 23 juillet 1849, Fizeau informa l'Académie des sciences, qu'après une série de 28 mesures, il avait obtenu la valeur de 315 300 km/s pour la vitesse de la lumière dans l'air.

L'expérience de Foucault

Même si la thèse est soutenue en 1853, l'expérience date en fait du mois d'avril 1850. Fizeau lui-même ne réussira cette expérience que six semaines plus tard, ce qui entraîna un différend prononcé entre les deux hommes.

À partir de la page 15 de son mémoire, Foucault décrit sa propre expérience dont le caractère essentiel, écrit-il, consiste en *l'observation de l'image fixe d'une image mobile*, afin d'évaluer « le temps qu'emploie la lumière à franchir un intervalle de quelques mètres ». Il écrit (voir figure ci-dessous) :

> *En effet, soient ab, fig. 1, un objet* [figure ci-après à gauche], *et a′b′ son image* [à droite, sur le miroir concave M], *formée par l'objectif* L [sous l'indication fig. 1, à droite] *et tombant à la surface réfléchissante d'un miroir concave* M*; soit c le point de l'espace où l'on placera plus tard le centre de figure d'un miroir tournant* [miroir *m*, sous l'indication fig. 1, à gauche]*; si le miroir concave a son centre de courbure au point c, le faisceau réfléchi à sa surface ira repasser en majeur partie par l'objectif pour reformer sur l'objet ab une image droite et de grandeur naturelle.*
>
> ... *quand celui-ci* [le miroir *m*] *vient à tourner, l'image se meut dans l'espace sur une circonférence dont le rayon peut prendre telle étendue qu'on voudra. Ainsi s'obtient l'image*

mobile dont on peut recevoir et distinguer la trace sur un écran. Pour obtenir l'image fixe, il faut placer sur la circonférence décrite par l'image mobile [la circonférence en M, à gauche], *la surface réfléchissante d'un miroir sphérique concave tellement orienté, que son centre de courbure vienne coïncider avec le centre de figure du miroir tournant...*

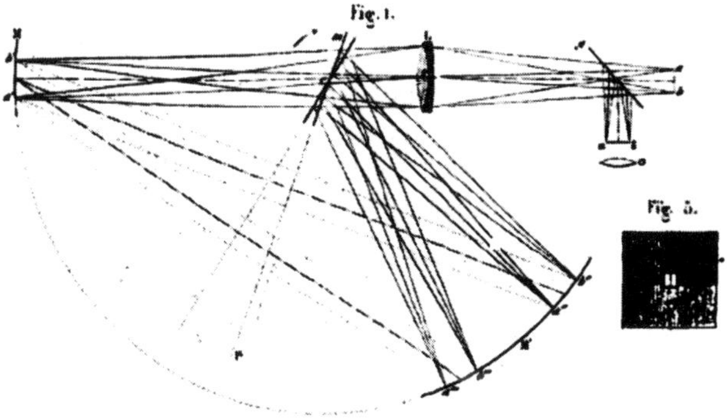

Fig. 4. *Le dispositif de l'expérience de Foucault, 1851.* (Figures 1 & 5 de la planche de figures à fin du document de Foucault.) Le miroir *m* tourne dans le sens indiqué par la flèche du schéma, dans le sens horaire.

On peut, en fait, résumer la description du chemin optique du faisceau lumineux comme suit. La lumière du soleil réfléchie par un héliostat arrive sur un diaphragme muni d'un fil vertical (la mire, au-dessus de $\alpha\zeta$ à droite, et représentée dans la fig. 5 de Foucault ci-dessus) ; elle est focalisée par une lentille L sur un miroir tournant *m*. Une lame à 45° permet d'examiner le faisceau et deux miroirs concaves appartenant à la même sphère ayant son centre en *c* sont placés à l'extrémité d'un trajet optique dans l'air d'une part, et dans l'eau, d'autre part. Durant un trajet aller-retour entre *m* et M, le miroir en rotation *m* tourne d'un certain angle et le déplacement latéral de l'image en *a* ou *a'* est proportionnel à cet angle qui est fonction de la vitesse de rotation du miroir et du temps de parcours de la lumière entre *m* et M :

> *...faire image en un point a′ sur un élément normal quelconque de la surface du miroir concave* M. *Réfléchi sur lui-même, ce rayon vient retrouver le miroir plan, mais déjà celui-ci a tourné, et le rayon, en s'y réfléchissant une seconde fois sous une incidence nouvelle, prend une direction nouvelle aussi, qui ne lui permet plus de former image à son point de départ, mais qui l'oblige à donner en a, une image déviée dans le sens du mouvement de rotation...*

Le premier résultat important obtenu par le dispositif est donc la mesure d'un temps de parcours lumineux, obtenu par le décalage de l'image-source sur la mire lorsque le miroir tourne suffisamment vite, ce que Foucault résume ainsi :

> *Aussi, quand le nombre des tours du miroir est inférieur à 30 par seconde, image ne brille-t-elle que par intermittences ; par des vitesses supérieures* [...], *l'image αζ semble alors permanente* [...] *Mais quand le miroir tourne suffisamment vite, un autre effet se produit, et on voit apparaître le phénomène important de la déviation. L'image αζ se déplace sous le trait du micromètre oculaire* [...] *ce déplacement montre que la durée de propagation de la lumière entre les deux miroirs n'est pas nulle, et qu'elle peut être mesurée par la grandeur de la déviation elle-même.*

Récapitulons à ce stade : on a une *image fixe* (l'objet *ab*) transformée en une multiplicité d'*images mobiles* (par rotation du miroir *m*), ces images étant toutes reconstituées en une *image fixe* à la source d'origine *ab* (ou à travers la mire *αζ* pour l'observation) : mais cette image fixe en retour est décalée par rapport à l'image d'origine, ce décalage permettant de mesurer la vitesse de la lumière.

Une fois son dispositif général en place, Foucault fait intervenir les deux milieux différents, l'air et l'eau :

*Tant que les longueurs c*M *et c*M′ *sont maintenues égales, tant que les milieux, traversés de part et d'autre, restent identiques, l'accélération du mouvement de rotation, produisant sur les deux images une même déviation, ne saurait les rendre distinctes l'une de l'autre. Mais l'interposition d'un milieu réfringent sur l'une des deux directions c*M *ou c*M′*, altérant la symétrie parfaite du système, doit, en modifiant la vitesse de la lumière dans l'une des deux voies, produire le dédoublement* $\alpha'\alpha''$ *de l'image* α*. C'est, en effet, ce qui arrive lorsque, au devant du miroir* M′ *on place le tuyau rempli d'eau et terminé à ses deux extrémités, par des glaces parallèles.*

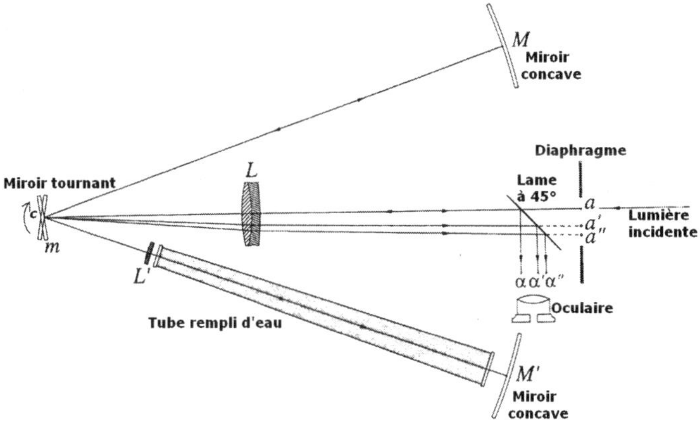

Fig. 5. *Même dispositif que figure 4 ci-dessus, stylisé.* Ce schéma correspond à la figure 3 de la planche de Foucault. On voit là apparaître, en complément de la figure précédente, le trajet dans l'air *m*M en haut, et le trajet dans l'eau *m*M′ en bas. Le rayon des miroirs concaves M et M′ est d'environ $l = 4$ mètres.

La résolution temporelle du montage de Foucault qui convertit en une amplitude de déviation angulaire un intervalle de temps est, à l'évidence, d'autant meilleure que la vitesse de rotation du miroir est élevée. Foucault réussit à réaliser un miroir tournant de 14 millimètres entraîné par une petite turbine à vapeur qu'il décrit en détail, et qui est schématisée sur la planche incluse dans sa thèse. Il indique :

> *J'ai pensé obtenir vitesse, solidité et régularité en adaptant une petite machine qui utilise l'écoulement des gaz par les orifices étroits..... La petite turbine à vapeur acquiert facilement, par une pression de 1/2 atmosphère, une vitesse de 6 à 800 tours par seconde.*

Si nous supposons l'indice de réfraction de l'eau égal à 1,33, la lumière parcourt un mètre d'air en environ 3,3 nanosecondes et un mètre d'eau en 4,4 nanosecondes. À la vitesse de 500 tours par seconde (resp. 2 fois plus), le miroir tourne de 360° en 2 millisecondes ou 2×10^6 nanosecondes. Une nanoseconde d'intervalle temporel correspond donc à une déviation du miroir de $360/(2 \times 10^6) = 1{,}8 \times 10^{-4}$ degré (resp. 2 fois plus). Avec cette valeur on retrouve, pour les dimensions du montage données par Foucault, une déviation d'image observée dans l'oculaire de quelques dixièmes de millimètre [14], donc parfaitement mesurable :

> ... *on a pour l'image blanche* [image dans l'air] *une déviation de* 0,375 *mm, et pour l'image verte* [image dans l'eau] *une déviation de* 0,469 *mm* [15] *; leur différence ne peut évidemment pas échapper à l'observation.*

---

14. La déviation est proportionnelle à l distance de parcours dans l'eau et à r distance entre l'objectif et la mire (en effet, si le miroir se décale d'un angle θ, la mire se décale de $r\theta$), comme le confirme la formule approchée de Foucault page 20, où la déviation d de la mire est proportionnelle à $r \times l$: $d = 8\pi l n r/\mathrm{V}$. Cette formule donne dans l'air ($\mathrm{V} = 300\,000\,000$ m/s, $l = 4$ m, $r = 3$ m, $n = 500$) un décalage de 0,5 mm, et dans l'eau ($\mathrm{V} = 300\,000\,000/1{,}33$) un décalage de 0,67 mm : la différence entre les deux est de l'ordre de 1/10e mm.

15. Les valeurs données par Foucault sont bien évidemment les bonnes ; par rapport au calcul de la note 14 ci-dessus, elles sont légèrement inférieures, ainsi que le décalage entre les deux valeurs, pour diverses raisons que Foucault détaille : calcul exact du temps de parcours dans l'eau (le rayon qui va dans l'eau est aussi dans l'air sur une partie de son trajet) + non coïncidence précise du miroir tournant et du centre du miroir concave. Mais l'ordre de grandeur donné dans la note 14 ci-dessus est valable.

Foucault ajoute, après un calcul élémentaire, une remarque qui justifie le titre de sa thèse « Sur les vitesses relatives de la lumière dans l'air et dans l'eau » :

Au reste, pour trancher la question qui intéresse à un si haut point la théorie, il n'est pas nécessaire de mesurer la vitesse de la lumière dans l'eau, ni de se préoccuper des moyens d'y parvenir ; il suffit de constater dans quel sens la déviation qui se produit en opérant uniquement dans l'air, se modifie quand on interpose une colonne d'eau assez longue pour produire un effet sensible ; mieux vaut encore disposer dans l'appareil deux lignes d'expériences, l'une pour l'air seul, l'autre pour l'air et l'eau, et observer simultanément les deux déviations correspondantes. La comparaison en devient alors tellement facile, qu'il est inutile de procéder à aucune mesure.

Foucault conclut de la manière qui suit, ce qui résume bien l'ensemble de son expérience :

En associant un miroir concave à un miroir tournant, ce dernier peut donner à l'observateur l'image fixe d'une image mobile ; image fixe pour une rotation uniforme, mais qui se dévie en raison directe de la vitesse angulaire du miroir et de la durée du double parcours de la lumière entre deux stations très rapprochées ; un calcul très simple montre que l'on obtient un signe sensible et mesurable de la durée de propagation du principe lumineux entre deux points distants d'un petit nombre de mètres. Dès lors il devient possible d'interposer aussi bien de l'air ou de l'eau et de juger des vitesses relatives par les déviations correspondantes. Un artifice expérimental permet, en outre, d'obtenir simultanément les deux déviations, de les superposer dans le champ d'un même instrument, et d'en opérer la comparaison directe sans les rapporter à une unité commune, sans qu'il soit besoin de prendre aucune mesure.

Que l'on modifie la vitesse du miroir ou la distance des stations ou celle des différentes pièces de l'appareil, les dé-

viations changent de grandeur sans doute ; mais toujours celle qui correspond au trajet dans l'eau se montre plus grande que l'autre, toujours la lumière se trouve retardée dans son passage à travers le milieu le plus réfringent.

La conclusion dernière de ce travail consiste donc à déclarer le système de l'émission incompatible avec la réalité des faits.

Ajoutons que la théorie exacte de la réfraction de la lumière ne fut établie que dans le cadre de l'électromagnétisme. J.C. Maxwell démontra, en 1868, que la lumière est un rayonnement électromagnétique [16] ; sept ans après, H.A. Lorentz formula la théorie de la réflexion et de la réfraction de la lumière dans le cadre de cette théorie électromagnétique [17].

---

16. J. C. Maxwell, « On a method of making a Direct Comparison of Electrostatic with Electromagnetic Force; with a Note on the Electromagnetic Theory of Light », *London Phil. Trans.* 158, 1868.

17. « Over de theorie der terugkaatsing en breking van het licht", (Sur la théorie de la réflexion et de la réfraction de la lumière) *Academisch proefschrift*, H. A. Lorentz, Arnhem : K. van der Zande, 1875.

Fresnel vu par les chimistes : la biréfringence circulaire dans les milieux optiquement actifs

JEANNE CRASSOUS

Le Mémoire sur « *La double réfraction que les rayons lumineux éprouvent en traversant les aiguilles de cristal de roche suivant les directions parallèles à l'axe* », présenté à l'Académie des sciences le 9 décembre 1822, est un jalon important dans le cours des nombreuses découvertes effectuées au XIXe siècle, à propos de certains corps solides, liquides ou gazeux doués de pouvoir rotatoire. La théorie de la double réfraction de Fresnel dans de tels systèmes permet d'expliquer l'interaction entre une lumière dite polarisée et un milieu dit doué d'activité optique.

De la biréfringence à la polarisation

Fig. 1. *Double réfraction à travers un cristal de spath d'Islande* (calcite $CaCO_3$). L'image des lettres à travers le cristal, déjà décalée par rapport à l'image ne traversant pas le cristal (effet de réfraction), est par surcroît dédoublée (effet de double réfraction).

La biréfringence (ou double réfraction) est un phénomène dont on observe tôt les effets (Bartholin, 1669), mais qui était difficile à analyser puisqu'on ne découvrit le phénomène de polarisation de la lumière que plus d'une siècle après (Malus 1808).

La biréfringence est maximale lorsque le rayon lumineux est perpendiculaire à « l'axe optique » du cristal, nulle quand il est parallèle. Ce que Fresnel rappelle : « on remarque deux positions du rhomboïde dans lesquelles un des deux faisceaux s'évanouit entièrement et la lumière incidente n'éprouve plus qu'un seul mode de réfraction en traversant le cristal ».

L'histoire du pouvoir rotatoire commence probablement avec le danois Erasmus Bartholin (1625-1698) qui découvre la double réfraction du spath d'Islande (appelé aussi spath calcaire) en 1669. Cet étrange dédoublement des images transmises par le cristal permit à Christiaan Huygens (1629-1695) d'étayer sa théorie ondulatoire de la lumière. C'est cependant Étienne-Louis Malus (1775-1812), plus d'un siècle plus tard (1808), qui complètera la découverte par une observation qui se révèlera capitale : la lumière réfléchie par une surface vitreuse possède une polarisation, dont la direction peut être déterminée grâce à la double réfraction par un cristal de spath d'Islande.

Fresnel rappelle cette histoire dans son mémoire :

> *Avant les belles découvertes de Malus, on avait remarqué depuis longtemps que les deux faisceaux dans lesquels la lumière se divise en traversant un rhomboïde de Spath calcaire y reçoivent cette modification singulière à laquelle il a été donné le nom de polarisation, d'après les idées de Newton sur la cause physique du phénomène. Ainsi Malus, à proprement parler, n'a pas découvert la polarisation de la lumière ; mais il a montré qu'on pouvait imprimer aux rayons, par la simple réflexion sur un corps transparent sous une incidence convenable, ou par leur passage oblique au travers d'une suite de lames diaphanes, la même modification qu'ils reçoivent quand ils sont divisés en deux faisceaux distincts par les cristaux doués de la double réfraction.*

La polarisation de la lumière

La lumière naturelle n'est pas polarisée mais elle le devient après réflexion (c'est justement ce que décèle Malus). Le plan de polarisation est perpendiculaire à la direction de propagation de la lumière : ce plan porte les champs électrique **E** et magnétique **B** de l'onde électromagnétique lumineuse.

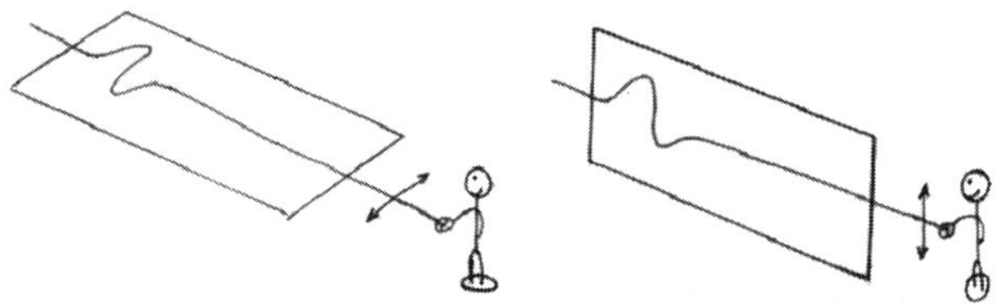

Fig. 2. *Polarisation d'une corde vibrante.* (Image e-scio.net.) On peut ainsi se représenter, par analogie, la polarisation : à gauche, le « bonhomme de Malus » imprime un mouvement horizontal, l'onde de propagation est polarisée horizontalement ; à droite, il imprime un mouvement vertical, l'onde de propagation est polarisée verticalement. Dans les deux cas, la direction de propagation de l'onde est la même, face au bonhomme.

La polarisation peut être rectiligne (schémas ci-dessus, **E** orienté dans une direction fixe dans le plan de polarisation) ou circulaire (**E** décrit un cercle dans ce plan) ; elle peut aussi être elliptique, combinaison de lumière polarisée rectiligne et de lumière polarisée circulaire.

La lumière polarisée ainsi mise en évidence par Malus a rapidement été un objet d'étude pour les physiciens. En 1811, François Arago (1786-1853) observe que des lames de quartz convenablement taillées, disposées sur le parcours d'un rayon de lumière polarisé par réflexion, provoquent une rotation du plan de polarisation par rapport à son orientation initiale [1] : les cristaux de quartz possèdent un *pouvoir rotatoire*. Peu après,

1. Arago, *Mémoires de l'Institut des sciences, lettres et arts* (Classe des sciences mathématiques et physiques), vol. 12 (1811), p. 93-134.

en 1812, le physicien Biot complète l'observation d'Arago en montrant que certains quartz dévient le plan de polarisation vers la droite (ils sont dits *dextrogyres*), d'autres vers la gauche (*lévogyres*) [2]. En 1815, Biot montre que le pouvoir rotatoire n'est pas l'apanage des corps cristallisés, mais s'observe également sur des solutions liquides de substances organiques naturelles, telles que le camphre, l'essence de térébenthine, le sucre, et l'acide tartrique. Cette propriété existe aussi à l'état gazeux, comme il l'a montré par une expérience mémorable (1817) mettant en évidence le pouvoir rotatoire de la vapeur d'essence de térébenthine. Fervent défenseur de la théorie newtonienne sur la nature corpusculaire de la lumière, Biot ne parvient pas à expliquer ses observations expérimentales et c'est finalement Fresnel qui applique sa formulation mathématique de la lumière polarisée. Ainsi, il met au point un dispositif expérimental qui permet de fabriquer de la lumière polarisée circulairement, le rhomboèdre de Fresnel, qu'il introduit ainsi dans son texte :

> *Dans un mémoire que j'ai eu l'honneur de lire à l'Académie, vers la fin de 1817* [3]*, j'ai fait connaître une nouvelle modification de la lumière, aussi générale ou pour mieux dire aussi uniforme que la polarisation elle-même, en ce que les rayons de diverses couleurs qui composent la lumière blanche la reçoivent tous à la fois et au même degré, comme cela a lieu pour la polarisation ordinaire. Voici en quoi ce procédé consiste : après avoir polarisé préalablement le faisceau lumineux, soit par son passage au travers d'un rhomboïde de spath calcaire, soit par sa réflexion sur une glace non étamée inclinée de 35°, on l'introduit dans un parallélipipède de verre, où il éprouve successivement, sur les deux faces opposées, deux réflexions intérieures et complètes, sous l'incidence de 50° environ, et suivant un plan*

2. Biot, « Expériences sur les plaques de cristal de roche taillées perpendiculairement à l'axe de cristallisation », *Mémoires de l'Institut des sciences, lettres et arts* (Classe des sciences mathématiques et physiques), vol. 13 (1812), p. 218.

3. Fresnel, « Mémoire sur les modifications que la réflexion imprime à la lumière polarisée » et « Supplément », N° XVI et XVII.

> *incliné de 45° relativement au plan primitif de polarisation. L'angle des faces d'entrée et de sortie du parallélipipède avec les deux faces réfléchissantes doit être tel que celles-là se trouvent à peu près perpendiculaires aux rayons incidents et émergents, afin qu'elles n'exercent sur eux aucune action polarisante.*

Fresnel décrit ici une expérience qui permet de produire de la lumière dite polarisée circulairement à partir d'une lumière polarisée linéairement. Il comprend qu'une lumière polarisée circulairement est la somme de deux ondes linéairement polarisées orthogonales entre elles et déphasées d'un quart d'onde :

> *Ce sont des expériences qui m'ont fait reconnaître que la lumière ainsi modifiée pouvait être considérée comme composée de deux faisceaux qui suivent la même route, mais sont polarisés dans des directions rectangulaires et diffèrent dans leur marche d'un quart d'ondulation.*

Fresnel observe que le phénomène de double réfraction n'existe pas seulement dans certains cristaux mais aussi dans certaines substances :

> *Ces conséquences, qui semblaient lever toutes les difficultés théoriques de la coloration de l'essence de térébenthine, me conduisaient naturellement à supposer que ce liquide, dans lequel j'avais démontré l'existence de la double réfraction par plusieurs expériences d'interférences, a ses particules constituées de telle sorte que chacune d'elles possède la double réfraction et imprime en outre aux rayons lumineux, à leur entrée et à leur sortie, la même modification qu'ils reçoivent par deux réflexions complètes dans un parallélipipède de verre.*

Comme Biot le présupposait à l'époque, on voit apparaître l'idée que le pouvoir rotatoire est une action moléculaire dépendant de leur constitution individuelle, alors que dans les cristaux le pouvoir rotatoire résulte du mode d'agrégation de ses constituants :

> *Pour achever de représenter fidèlement les phénomènes, il fallait supposer en outre que dans ces particules la double réfraction est très différente pour les rayons de diverses couleurs, et en raison inverse de leur longueur d'ondulation, d'après la loi de M. Biot sur les déviations du plan de polarisation de la lumière totale qui a parcouru un tube rempli d'essence de térébenthine ; car en admettant que la double réfraction de chaque espèce de rayon dans les particules de ce liquide, est en raison inverse de leur longueur d'ondulation, on trouve, par les formules d'interférences que j'ai employées, que la déviation du plan de polarisation du faisceau total de lumière homogène, au sortir du liquide, est en raison inverse du carré de la longueur d'accès ou d'ondulation, comme M. Biot l'avait conclu de ses observations.*

Fresnel observe « la dispersion de la double réfraction », qui apparaît beaucoup plus forte pour les rayons rouges que pour les rayons violets (§9) :

> *D'après la seule considération des faits, on pourrait donner le nom de polarisation rectiligne à celle qu'on avait observée depuis longtemps dans la double réfraction du spath calcaire, et que Malus a le premier remarquée dans la lumière réfléchie sur les corps transparents, et nommer polarisation circulaire la nouvelle modification dont je viens de décrire les propriétés caractéristiques : elle se divisera naturellement en polarisation circulaire de gauche à droite, et en polarisation circulaire de droite à gauche.... Entre la polarisation rectiligne et la polarisation circulaire, il existe une foule de degrés intermédiaires de polarisations diverses, qui participent des caractères de deux autres, et auxquels on pourrait donner les noms de polarisations elliptiques.*

Fresnel montre qu'en décomposant une onde polarisée rectilignement en la somme de deux ondes polarisées circulairement droite et gauche, celles-ci ne se propagent pas à la même vitesse dans un milieu chiral. On obtient la loi de Fresnel sur la biréfringence circulaire qui relie le pouvoir rotatoire d'une substance chirale à l'indice de réfraction des deux lumières droite et gauche. La loi de Fresnel donne l'expression de l'angle en fonction de la différence $n_G - n_D$, où n_G et n_D sont respectivement les indices de réfraction pour la lumière polarisée circulairement gauche (notée LPCG) et pour la lumière polarisée circulairement droite (notée LPCD), de la longueur de la cuve l et de la longueur d'onde étudiée λ. La grandeur $n_G - n_D$ s'appelle la biréfringence circulaire.

$$\alpha = (n_G - n_D)\frac{\pi l}{\lambda} \qquad \text{(loi de Fresnel)}$$

Fresnel ignore tout du caractère moléculaire du pouvoir rotatoire. Alors que William Herschel (1792-1871) montre en 1820 que le pouvoir rotatoire est lié au sens du cristal hémièdre (appelé à l'époque cristal plagièdre – voir encadré) et qu'il est possible de distinguer le sens des facettes du quartz selon le caractère dextrogyre ou lévogyre, c'est finalement Louis Pasteur (1822-1895) qui introduit en 1848 la dissymétrie moléculaire en suggérant le lien entre l'hémiédrie d'un cristal et son caractère moléculaire. En observant de plus près le sel double de sodium et d'ammonium de l'acide tartrique, Pasteur montre que les cristaux de ce sel sont en fait constitués de deux sortes de cristaux : des cristaux hémièdres droits et des cristaux hémièdres gauches. Il les sépare à la main, et quand il les dissout à nouveau dans de l'alcool, il montre que les solutions de cristaux droits font tourner la lumière dans un sens et les solutions de cristaux gauches dans l'autre sens. Pasteur effectue de cette façon le premier dédoublement spontané ! Mais il faut attendre 1874 pour que Joseph Achille Le Bel (1847-1930) et Jacobus Henricus van't Hoff (1852-1911, premier prix Nobel de chimie en 1901) inventent de façon indépendante la « chimie dans l'espace » et la théorie du carbone asymétrique. La stéréochimie est enfin née ! Le terme « chiral[4] » est proposé en 1902 par William Thomson

4. Du grec « kheir », *main* : les mains constituent en effet un système chiral (cette racine grecque a donné des mots comme *chiromancie* ou *chirurgie*).

(1824-1907), mieux connu sous le nom de Lord Kelvin, lors des conférences de Baltimore : « J'appelle *chiral* toute figure géométrique ou tout ensemble de points qui n'est pas superposable à son image dans un miroir. Je parle alors de *chiralité* ».

Stéréochimie : la chimie dans l'espace

Le terme stéréochimie est un terme générique utilisé pour décrire la chimie dans l'espace à trois dimensions. En 1874, Le Bel et van't Hoff découvrirent qu'un carbone possédant quatre substituants différents possédait deux structures différentes dans l'espace, images l'une de l'autre dans un miroir (fig. 3, C). On comprit alors que les deux tartrates doubles séparés par Pasteur en 1848 possédaient des

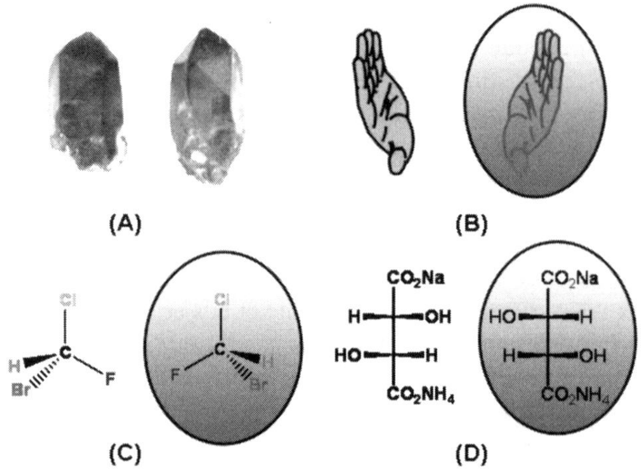

Fig. 3. *Les objets chiraux et leurs images spéculaires.* (A) Cristaux hémièdres (ou plagièdres) du quartz. (B) L'image spéculaire d'une main gauche est la main droite. L'origine du terme « chiral » est le terme grec « kheir », signifiant « main ». (C) Un exemple de molécule (le bromochlorofluorométhane) possédant un carbone asymétrique. Les liaisons C—H et C—Br sont dirigées vers l'arrière ou vers l'avant selon qu'elles sont respectivement en pointillés ou en gras. (D) Le tartrate double chiral de sodium et d'ammonium et son image dans le miroir.

structures chimiques tridimensionnelles et images miroir (fig. 3, D). Le terme « chiralité » a ensuite été introduit par Lord Kelvin en 1902 pour ce type particulier de stéréochimie. Les cristaux de quartz (A) sont dits hémièdres car ils possèdent des facettes qui sont deux à deux images dans un miroir. Dans le quartz, l'hémiédrie résulte de l'enroulement d'hélices de tétraèdres SiO_4, qui peut se faire dans les deux sens, droit et gauche.

On parle d'*énantiomères* pour décrire les deux molécules chirales qui sont images l'une de l'autre dans un miroir. Deux énantiomères font tourner la lumière polarisée rectilignement dans des sens opposés.

Et les médicaments ? Au XIXᵉ siècle, on utilisait déjà des principes actifs chiraux comme la morphine extraite du pavot ou la quinine extraite des écorces de quinquina et utilisée comme antipaludique. La structure chimique et tridimensionnelle de ces molécules n'était cependant pas connue. Malgré les idées énoncées par Pasteur à la fin du XIXᵉ, du temps a été nécessaire aux chimistes pour comprendre que la chiralité avait un grand impact sur les organismes vivants. Il a fallu attendre les années 1960 et le drame de la *Thalidomide*, médicament qui fut administré aux femmes enceintes comme anti-vomitif et qui provoqua chez les nouveaux-nés de graves malformations. On connaît aujourd'hui la raison de ce drame : la préparation de ce composé par l'industrie chimique fournissait les deux énantiomères en proportions égales – l'un d'entre eux était bien un anti-vomitif, et l'autre était tératogène. Beaucoup de médicaments possèdent des propriétés thérapeutiques différentes selon leur forme énantiomère. Les acides carboxyliques aromatiques comme le naproxène ou l'ibuprofène sont connus pour avoir un effet anti-inflammatoire et antipyrétique [5] sous une forme énantiomère et sans effet important sous l'autre forme. De même, le propanolol est connu pour avoir un effet β-bloquant [6] sous une forme énantiomère et contraceptif masculin sous l'autre forme. Les goûts et les odeurs

5. Antipyrétique = contre la fièvre (du grec *puretos*, fièvre, et *pur*, feu).

6. Substance qui bloque l'action de l'adrénaline, utilisée par exemple dans le traitement de l'hypertension artérielle.

ont également à voir avec la chiralité : par exemple, l'asparagine a le goût amer de l'asperge sous une forme énantiomère et possède un goût plutôt sucré sous l'autre forme. La mesure d'énantiomères dans une solution chirale est donc une information d'importance pour les laboratoires pharmaceutiques, les énantiomères de certaines substances médicamenteuses étant très toxiques.

Enfin, les sucres et les acides aminés qui sont les éléments constitutifs du monde vivant (animal et végétal) sont chiraux et existent essentiellement sous une seule forme énantiomère ! On dit que le monde vivant est dissymétrique : le lien entre cette dissymétrie et l'origine de la vie demeure un thème de recherche de première importance.

Les lentilles à échelons de Fresnel

VINCENT GUIGUENO

Avec le *Rapport contenant l'exposition du système adopté par la Commission des Phares, pour éclairer les côtes de France*, publié en 1825 par Augustin Fresnel et l'hydrographe Paul-Édouard de Rossel, le *Mémoire sur un nouveau système d'éclairage des phares*[1] est le texte fondateur pour comprendre l'histoire de la signalisation maritime. Après avoir rappelé le contexte dans lequel Fresnel rédige ce mémoire, nous décortiquerons le processus d'innovation dont la fameuse lentille n'est qu'un élément.

Les phares en France au début du XIXe siècle

Au moment de la publication du Mémoire, une vingtaine de phares illuminent les côtes de France, dont la prestigieuse tour de Cordouan[2]. Autour de 1820, des projets sont lancés par les ingénieurs des Ponts à l'embouchure de la Loire (le Four du Croisic) et au large de Marseille (Le Planier). Le directeur général des Ponts et chaussées et des Mines, Louis Becquey (1760-1849), que Fresnel remercie à la fin de son mémoire, réactive en 1819 la Commission des Phares, créée sous l'Empire (avril 1811). La Commission, composée de savants, de marins et d'ingénieurs, avait pour tâche d'examiner un projet d'éclairage par des feux bleus et rouges proposé sous l'Empire par un officier de Marine. Plus généralement, elle devait réfléchir à un « système »

1. Il s'agit du texte analysé ici, reproduit p. 221-233.
2. Le phare de Cordouan est un phare situé à sept kilomètres en mer sur un plateau rocheux, à l'embouchure de l'estuaire de la Gironde.

pour l'ensemble des côtes de France. Le contexte de guerre avait considérablement limité ses travaux.

Ceux-ci reprennent en 1818, quand François Arago (1786-1853), professeur à l'École polytechnique, membre de l'Académie des Sciences et du Bureau des Longitudes, est nommé à la Commission. Il appelle auprès de lui un jeune ingénieur des Ponts et Chaussées, Augustin Fresnel (1788-1827), qui rectifie les routes d'Ille et Vilaine et tente, jusqu'alors sans succès, de rejoindre la capitale.

> *... en 1819 M. Arago leur offrit de se charger des expériences, en demandant que M. Mathieu et moi lui fussions adjoints. Cette proposition, adoptée par la commission, fut soumise à M. Becquey, directeur général des ponts et chaussées et des mines, qui l'approuva également, et me recommanda d'apporter tous mes soins à ces recherches.*

Depuis quelques années, Fresnel poursuit les travaux qui lui permettent de présenter en juillet 1818 son *Mémoire sur la diffraction de la lumière*. La politique de signalisation maritime constitue une aubaine pour Fresnel, qui se voit ainsi temporairement rattaché aux expériences de la Commission des phares sur la lumière. Il trouve là un poste qui lui permet de s'insérer dans le milieu des savants parisiens.

Signalisation maritime et innovations techniques

Grâce à l'amiral Antoine Thévenard, nous disposons d'un inventaire des phares en service dans le monde à l'aube du XIXe siècle : il en existe cent trente, dont la moitié dans les îles britanniques. La construction d'Eddystone par John Smeaton (1759) inaugure une ère nouvelle pour les phares. *Trinity House* en Angleterre, la plus vieille institution au monde chargée des phares (1514), le *Northern Ligthouse Board* en Ecosse (1786) et les *Commissioners of Irish Lights* (1786), érigent de nombreuses tours, éclairées par les réflecteurs de cuivre. Ces feux sont équipés de réflecteurs, paraboliques ou sphériques, pour la plupart fixes, éclairés par des lampes à huile.

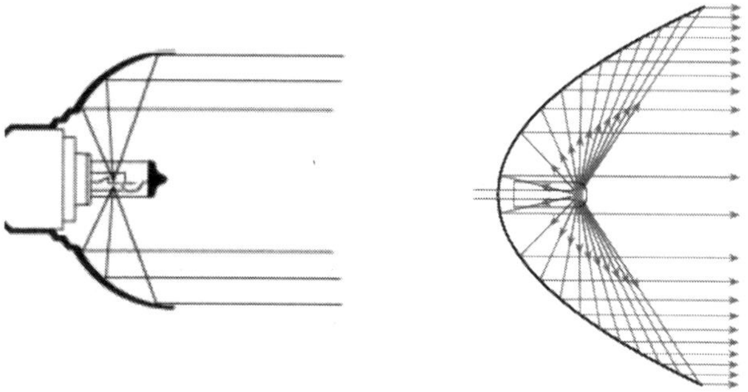

Fig. 1. *Miroir (ou réflecteur) parabolique.* À gauche, miroir parabolique (tel qu'utilisé actuellement dans certains phares de voitures, projecteurs de cinéma...) ; à droite, schéma des rayons lumineux émanant du miroir parabolique. Il s'agit bien d'un miroir ou d'un réflecteur puisque sa surface interne réfléchit les rayons lumineux émanant de la source.

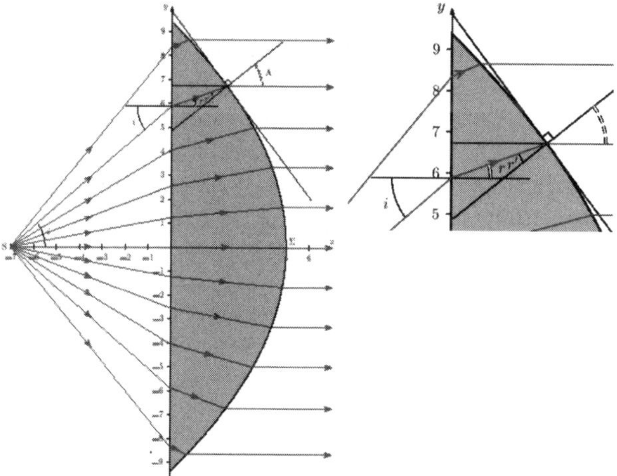

Fig. 2. *Lentille plan-courbe pleine.* À gauche, vue d'ensemble ; à droite, détail des deux réfractions en entrée et en sortie de lentille. Fresnel nous donne la différence, du point de vue de l'optique, entre les deux formes d'éclairage, celle du miroir (fig. 1) et celle de la lentille (fig. 2) : « On sait qu'une lentille, comme un miroir parabolique, a la propriété de rendre parallèles les rayons partis de son foyer ; elle produit par réfraction l'effet que le miroir parabolique produit par réflexion. » (*Dessins Manuel Luque.*)

La France n'ignore par ce courant d'innovation venu d'outre Manche. Dans les années 1770, un entrepreneur en éclairage urbain, Tourtille-Sangrain, obtient le marché de la signalisation. Il installe des réflecteurs sphériques fixes et des lampes à huile dans les tours civiles et militaires du Royaume. Des savants, des artisans et des ingénieurs s'intéressent à la science des phares. En 1782, l'ingénieur Teulère et le chevalier de Borda, savant et homme de mer, font appel à l'opticien Lenoir, pour concevoir un réflecteur parabolique argenté. L'essai de cet appareil, qui a lieu à Versailles en 1790, reçoit les encouragements du Roi et les applaudissements de la Cour. Douze miroirs paraboliques de 30 pouces (812 mm) montés sur une armature mobile sont installés à Cordouan en 1791. Fresnel ne choisira pas par hasard d'y mener ses propres expériences : il s'agit de se frotter aux meilleures technologies du moment.

Le réflecteur de Cordouan est éclairé par une lampe à double courant d'air d'Argand, du nom du savant suisse qui l'a mise au point. Vers 1820, son gendre Isaac Bordier-Marcet propose ses compétences d'« ingénieur-lampiste breveté pour l'éclairage des villes et des phares » ; avec Lenoir, il vend des appareils pour les feux déjà opérationnels (La Hève, par exemple) ou récemment construits, comme Le Four, au large du Croisic, doté d'un « fanal catoptrique à double aspect », formé par l'emboîtement de deux conoïdes. Bordier-Marcet équipe de fanaux les feux de Fréhel, de Barfleur, du Stiff d'Ouessant et des Baleines en Ré, tandis que Lenoir obtient les marchés de Calais, de l'Ailly et de Saint-Mathieu.

La lentille : invention ou innovation ?

Des techniques éprouvées existent quand Arago et Fresnel tentent leur pari audacieux : changer radicalement la technologie d'éclairage des côtes. Les deux savants vont importer dans ce monde maritime des objets et des techniques venus de l'instrumentation scientifique. Fresnel n'a jamais soutenu avoir inventé la lentille à échelon, déjà utilisée en chimie pour concentrer les rayons du soleil, une application connue sous le nom de « verres ardents ». Il en a simplement inversé la fonction, puisqu'il ne s'agissait plus de concentrer les rayons du soleil mais de diffuser ceux émis par une source de lumière, la lampe à huile du phare. Le mémoire de Fresnel reconstruit pas à pas les étapes d'un processus d'innovation, dans lequel cette idée « simple », mais redoutablement complexe à mettre en œuvre, va prendre forme dans les phares français. L'histoire sainte du savant lui attribue tous les mérites de l'évolution des techniques de signalisation maritime au début du XIXe siècle : « Augustin Fresnel a été l'inventeur des phares lenticulaires, aux mêmes titres que Gutenberg, de l'imprimerie, Galilée, des télescopes, et Watt, des machines à vapeur », écrit Léonor Fresnel dans l'introduction aux *Œuvres Complètes*, véritable monument élevé à la gloire de son frère. La lecture du *Mémoire* montre que l'intéressé est plus modeste :

> *Il ne m'a pas fallu de longues réflexions, écrit-il, pour songer à faire des lentilles à échelons et à les composer de plusieurs morceaux ; ces idées sont si simples qu'elles viennent promptement à la pensée. Ce qui m'a le plus occupé, ce sont les moyens d'exécution, pour lesquels j'ai été parfaitement secondé par le zèle et l'intelligence de M. Soleil, opticien, qui a courageusement entrepris la construction de ces grandes lentilles.*

L'emploi du verre, sur la fragilité duquel Fresnel anticipe les critiques, n'allait pas de soi. Il y a un changement de taille significatif entre les appareils lenticulaires et les instruments scientifiques fabriqués par l'opticien Soleil. Celui-ci accepte la commande de Cordouan[3], premier moment vers la constitution d'un marché de la signalisation maritime, sans lequel aucune innovation ne peut se développer. Fresnel détaille dans

3. À propos du marché passé avec l'opticien Soleil, Fresnel indique p. 29 : « M. le directeur général des ponts et chaussées est venu au secours du fabricant, et, en lui faisant délivrer des à-comptes, l'a enhardi dans la spéculation nouvelle à laquelle il se livrait, et a assuré dès le principe le succès de son entreprise. »

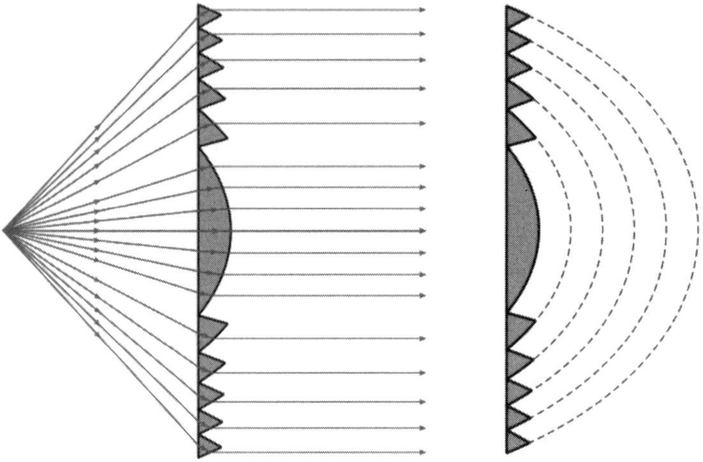

Fig. 3. *Schéma de la lentille à échelons de Fresnel.* Comme Fresnel l'indique, « Si l'on divise celle-ci [la lentille plan-courbe pleine, figure 2 à gauche] en anneaux concentriques [figure 3 ci-dessus, à droite], et qu'on ôte à la petite lentille du centre et aux anneaux qui l'entourent toute la partie inutile de leur épaisseur, en leur en laissant seulement assez pour qu'ils puissent être unis par leurs bords les plus minces [on aboutit à la figure ci-dessus, à gauche], on conçoit qu'on peut également obtenir le parallélisme des rayons émergents partis du foyer ». Pour chaque rayon, les deux angles de réfraction visibles dans la figure 1 à droite sont conservés dans la figure 3 à gauche, car sont conservées les deux surfaces optiques de réfraction[3] : côté plan vertical en entrée de la lentille, côté courbe en sortie de lentille. Seule la longueur du chemin optique à l'intérieur de la lentille est réduite (d'où la remarque de Fresnel sur « la partie inutile de leur épaisseur »). (*Dessins Manuel Luque.*)

ce *Mémoire* les problèmes de Soleil – le collage des verres par exemple. Dans sa correspondance, il revient longuement sur ses négociations avec Saint-Gobain, qui accepte, en se faisant longuement prier, de fournir un verre de type *crown*, dont la teinte verdâtre est bien connue de tous ceux qui ont vu une grande optique lenticulaire.

---

3. On notera en effet que les tangentes en un point donné de l'interface courbe sont parallèles dans la configuration « figure 1 » et « figure 3 », puisque les cercles sont concentriques comme nous l'indique Fresnel.

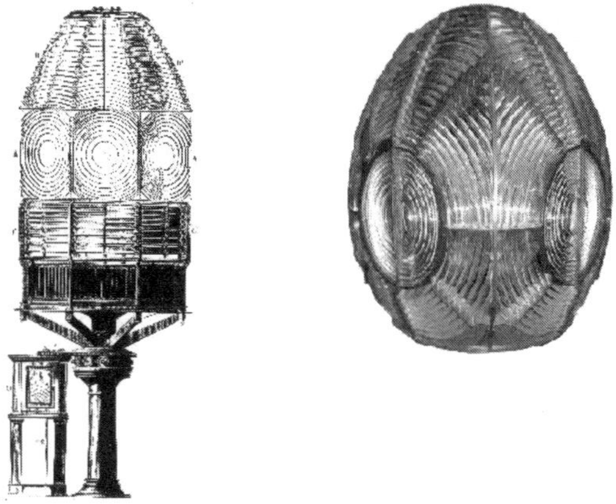

Fig. 4. *La lentille à échelons de Fresnel, en usage dans les phares, hier (à gauche, image École des ponts) et aujourd'hui (à droite).* La description par Fresnel de « sa » lentille est la suivante : (pour la partie centrale) « toutes les lumières destinées à l'éclairage du phare, réunies en une seule, sont entourées de huit lentilles carrées verticales et dont les centres sont situés dans le même plan horizontal que la lumière unique [...] elle forment ainsi, autour de l'objet éclairant, un prisme vertical ayant pour base un octogone régulier » (pour la partie supérieure) « ... en me servant des rayons lumineux qui passent par-dessus, et qui autrement seraient perdus. J'emploie à cet effet huit petites lentilles trapézoïdales, de 0 m 50 de foyer, dont la réunion forme au-dessus du bec quadruple comme une espèce de toit en pyramide octogonale tronquée, qui laisse passer la cheminée de la lampe par son ouverture supérieure ». La lentille à échelons actuelle (à droite, en verre Crown) peut être décrite de manière fort similaire : le principe des huit lentilles centrales et des huit lentilles supérieures trapézoïdales (un peu plus arrondies) reste le même ; seul a disparu l'« ouverture supérieure », puisqu'il n'y a plus la fumée de la lampe à huile à évacuer !

L'appareil lenticulaire, un système technique

L'appareil installé à Cordouan n'est pas seulement composé de lentilles, c'est un « système » complet, constitué d'une optique, d'une source et d'un appareil de rotation, le tout devant fonctionner au quotidien, loin de Paris et de ses savants. C'est pourquoi Fresnel aborde la question de la source lumineuse, qui doit être la plus ponctuelle possible :

> *Il était nécessaire, pour tirer le parti le plus avantageux de l'appareil lenticulaire, que le feu central présentât beaucoup de lumière sous un volume peu considérable. Nous sommes parvenus, M. Arago et moi, à résoudre ce problème d'une manière satisfaisante, en suivant l'idée de M. de Rumford sur les becs à mèches multiples [...]*

À la fin du XIXe siècle, certains exhumeront le texte pour y voir l'annonce prophétique de l'emploi de sources nouvelles comme l'électricité ou le gaz.

Par le calcul et l'expérience sensible de nombreux observateurs, à Paris et sur le littoral, Fresnel démontre que son dispositif a un meilleur rendement optique – ratio entre la puissance lumineuse obtenue et les matières premières consommées. Prudent et avisé, Fresnel se garde d'évoquer le coût en investissement des appareils lenticulaires, nettement plus élevé que celui de ses concurrents, les réflecteurs. Il joue également d'arguments pratiques :

> *Un autre avantage bien important, et qui suffirait pour faire donner la préférence aux lentilles, lors même que leurs effets ne seraient pas supérieurs à ceux des réflecteurs, c'est l'inaltérabilité du verre et la durée de son poli. Les frais d'entretien des lentilles sont presque nuls, et leur nettoyage donnera beaucoup moins de peine aux gardiens que celui des réflecteurs, qu'il faut frotter souvent avec l'oxyde rouge de fer pour entretenir leur brillant.*

Léonor Fresnel rédigera de longues instructions à l'attention des gardiens, précisant, geste après geste, comment mettre en œuvre et entretenir les délicats appareils imaginés par son frère Augustin.

Du phare au réseau

En évoquant la question du caractère du feu, fixe ou périodique, Fresnel nous rappelle qu'il ne s'agit pas de concevoir un appareil unique, mais un système d'une cinquantaine de grands phares, décrit dans le rapport de 1825. Le langage utilisé pour décrire le caractère des feux – l'éclipse – vient du ciel. L'historien Jules Michelet (*La Mer*, 1860) résume parfaitement ce système céleste maîtrisé quand il écrit :

> *Pour le marin qui se dirige d'après les constellations ce fut comme un ciel de plus* [que la France] *fit descendre. Elle créa à la fois planètes, étoiles fixes et satellites, mit dans ces astres inventés les nuances et les caractères différents de ceux de là-haut.*

Les problèmes de la portée, liée à la puissance lumineuse, et de la variété des signaux des différents phares sont donc fondamentaux pour limiter le nombre de points de la côte à éclairer, ainsi que les erreurs de navigation dues à la confusion entre deux feux identiques. L'hypothèse d'un signal spécifique à chaque feu étant trop complexe, il est décidé d'adopter une « grammaire » réduite :

> *C'est pourquoi, écrit Fresnel, j'ai cherché à l'atteindre le but en établissant, entre les intervalles des éclats d'un même phare, des inégalités périodiques, d'après l'idée de M. Sganzin, inspecteur général des Ponts et Chaussées.*

Trois caractères seront retenus : fixe ; éclipse d'une minute ; éclipse de trente secondes. Il s'agit ici de perfectionner, en rendant leur mouvement continu, des machines de rotation qui relèvent de l'art de l'horlogerie.

Comment le vent de l'histoire des techniques tourna-t-il en faveur de l'appareil de Fresnel ? Le *Mémoire* raconte le processus d'une innovation validée lors d'une expérience cruciale, dans la soirée du 13 avril 1821. La Commission des phares, installée « au sommet de Montmartre pour juger de l'effet produit » par les appareils en compétition, bascule cette nuit là en faveur du système lenticulaire, dit de Fresnel, contre les projecteurs paraboliques de ses concurrents. Quelques mois plus tard, des observateurs placés à Châtenay regardent briller la lumière de l'appareil monté sur le toit de l'Arc de Triomphe, distant de plus de vingt-quatre kilomètres. Les « juges », savants et ingénieurs, comme Fresnel, sont-ils impartiaux ? Dès le mois de mai 1821, Isaac Bordier-Marcet constate avec une certaine amertume que les jeux sont faits. Le *Journal du commerce* ouvrit ses colonnes à « cet habile constructeur lampiste » qui, sans contester l'éclat de lentille, juge que les comparaisons étaient établies d'une manière partiale et peu représentative des conditions réelles d'utilisation des appareils. Quant aux réflecteurs de Lenoir installés à Cordouan, ils sont démontés en 1823.

Le marché de l'éclairage a une quarantaine d'années (il date du début des années 1780) quand Fresnel développe son système lenticulaire : ce procédé conjugue une innovation – la lentille et sa réalisation – aux progrès déjà réalisés dans les lampes et les mécanismes de rotation. Réduire sa contribution à la seule lentille ne rend pas compte de son travail concret d'innovation décrit dans le *Mémoire*. Cette simplification a des raisons idéologiques : démontrer la pertinence d'une formation de l'ingénieur à la française, liant fortement science et technique. L'appareil lenticulaire, innovation de rupture dans le champ de l'éclairage des phares, est une preuve au service de cette thèse.

Fresnel *versus* Buffon

Fresnel donne acte à Buffon (1707-1788) de l'invention de la lentille à échelons : « *C'est Buffon qui a imaginé le premier les lentilles à échelons, pour augmenter la puissance des verres ardents en diminuant leur épaisseur* ». Toutefois, s'il le cite et revient longuement sur cette antériorité (pages 4-7), c'est pour mieux souligner sa propre invention, consistant dans la fabrication de la lentille à échelons en plusieurs morceaux de verre, par opposition à la taille d'un unique bloc de verre hémisphérique à laquelle pensait Buffon : « *il est évident qu'il proposait de les faire d'un seul morceau de verre, ce qui rend leur exécution presque impossible* » « *Buffon n'avait pas songé à composer les lentilles à échelons de plusieurs morceaux* ». Fresnel est même assez caustique vis-à-vis de Buffon : « *On conçoit aisément pourquoi, vingt-cinq ans après avoir inventé ces lentilles et malgré son vif désir d'en posséder une, le même savant qui avait créé ce beau miroir d'Archimède*[4] *dont la construction était plus compliquée et plus dispendieuse, n'avait pu faire exécuter une lentille à échelons de trois pieds de diamètre* ». Pour mieux souligner la difficulté, voire l'incapacité, de Buffon à mettre son idée en œuvre, Fresnel fait appel à un témoin (Charles) qui a entendu dire d'un autre (Rochon) que ce dernier « *avait vu une petite lentille à échelons de 12 à 15 pouces de diamètre et d'un seul morceau de verre, provenant du cabinet de Buffon* ». Lentille de petite taille, d'un seul bloc : ces précisions sont là pour limiter la portée de l'invention de Buffon, qui reste théorique. Fresnel est conscient que ce qui lui revient dans la lentille à échelons, par rapport à Buffon, « *c'est précisément ce qui rend l'invention exécutable en grand* ».

Épilogue – la lentille aujourd'hui

La lentille à échelons de Fresnel trouva une application immédiate dans les phares maritimes, pour lesquels, avec l'ensemble du système, elle révolutionne l'éclairage. Elle fut également utilisée expérimentalement pour la sécurité ferroviaire naissante, afin d'éclairer les locomotives à l'aide de petits fanaux catadioptriques. Cent vingt ans plus tard, elle allait connaître une nouvelle utilisation, à d'autres phares, ceux des automobiles fabriquées à grande échelle (à noter que l'éclairage par réflecteur parabolique reste utilisé dans un certain nombre de véhicules modernes). Destin original que celui de cette invention, elle trouve une application que l'inventeur lui-même n'aurait pas imaginée – et pour cause –, et qui donne raison à Fresnel et ses espoirs placés dans les lentilles à échelons :

> *Leur construction ne sera pas seulement utile à l'éclairage des phares ; elle servira sans doute aussi à l'avancement de la science.* [...] *Peut-être devra-t-on, par la suite, à ces grands verres ardents, des découvertes aussi surprenantes que celles dont la pile de Volta a enrichi la chimie.*

4. C'est bien la lentille à échelons de Buffon que Fresnel désigne ainsi.

L'entraînement partiel de l'éther et la relativité restreinte

JEAN-JACQUES SAMUELI ET ALEXANDRE MOATTI

L'article « L'entraînement de la lumière par les corps mouvants selon le principe de relativité » publié par Max von Laue en 1907 montre la relation qui existe entre le postulat de Fresnel sur l'entraînement partiel de l'éther et la théorie de la relativité restreinte.

Fig. 1. Max von Laue (1879-1960, prix Nobel de physique 1914), vers 1924.

Jusqu'en 1905, toute l'optique ondulatoire et toute la théorie électromagnétique postulaient l'existence d'un éther que certains physiciens croyaient immobile et d'autres entraîné par les corps mobiles, comme la Terre. Cet éther allait poser un certain nombre de difficultés aux physiciens tout au long du XIXe siècle.

François Arago (1786-1853) avait déjà réalisé une expérience [1], en 1810, dans le cadre de la théorie dite de l'émission de particules. Il tentait de déterminer si la lumière entrant dans un prisme serait réfractée d'une façon différente si elle entrait, croyait-il, avec des vitesses différentes. Pour cela, il avait utilisé la lumière provenant d'une même étoile à deux époques de l'année, car il pensait que le changement de vitesse de la Terre par rapport à l'étoile entraînerait un changement de vitesse de la lumière de l'étoile entrant dans le prisme. Le résultat fut négatif et Arago demanda à Fresnel si la théorie ondulatoire de la lumière pouvait expliquer ce fait.

Fresnel, en 1818, fait l'hypothèse [2] selon laquelle on peut considérer le retard de la lumière dans un milieu plus réfringent que le vide lorsque ce milieu est immobile, comme résultant uniquement d'une plus grande densité ; ce qui donne le moyen de déterminer le rapport de densité dans deux milieux ; car on sait, dit-il, qu'il doit être inverse de celui des carrés des vitesses de propagation des ondes dans ces milieux.

Il postule alors un entraînement partiel de l'éther par les milieux réfringents. L'idée de départ de cette affirmation est que l'indice de réfraction d'un milieu transparent (comme un prisme d'indice n) reflète la concentration de l'éther dans la matière et que plus précisément la densité d'éther est proportionnelle au carré de l'indice de réfraction : $\rho_1 = n^2 \rho_0$, ρ_1 étant la densité d'éther dans le milieu d'indice n, et ρ_0 la densité d'éther dans le vide.

1. Voir article de J. Lequeux, p. 93.

2. « Lettre de M. Fresnel à M. Arago sur l'influence du mouvement terrestre dans quelques phénomènes optiques », *Annales de Chimie et de physique*, 9, 1818, p. 57-66.

Fresnel suppose de plus que c'est seulement l'excès d'éther $(\rho_1 - \rho_0)$ qui est entraîné lorsque le corps transparent se déplace à la vitesse v ; l'éther se déplace alors à la vitesse w

$$w = \frac{\rho_1 - \rho_0}{\rho_1} v = \left(1 - \frac{1}{n^2}\right) v = \alpha v, \qquad \text{avec} \qquad \alpha = 1 - \frac{1}{n^2}.$$

Ce coefficient α est appelé « coefficient d'entraînement partiel de l'éther » (ou coefficient de Fresnel). Dans le vide $n = 1$, le coefficient de Fresnel est alors nul et il n'y a pas d'entraînement de l'éther par les corps en mouvement.

L'éther et la vitesse de la lumière dans les milieux réfringents

Si l'on considère que la lumière est une onde de vitesse c dans le vide ou dans l'éther interstellaire immobile d'indice de réfraction égal à 1, on écrit, compte tenu de la définition de l'indice de réfraction, que dans un milieu réfringent d'indice n, immobile par rapport à l'éther, la lumière a une vitesse c/n par rapport à cet éther. Si l'éther se déplace lui-même, la lumière aura encore la même célérité c/n, dans le même milieu réfringent, par rapport à cet éther, puisque c'est cet éther lui-même qui est le support des vibrations.

Soit maintenant un milieu réfringent mobile m d'indice n, qui baigne dans un éther E. Appelons $v_{m\mathrm{I}} = w$ la vitesse de ce milieu m par rapport à l'éther immobile I. L'éther E lui même peut être éventuellement entraîné par le mouvement du milieu réfringent m. Appelons α (compris entre 0 et 1) le coefficient d'entraînement de l'éther E par rapport à l'éther immobile I. On a $v_{\mathrm{EI}} = \alpha w$.

Une onde lumineuse (selon le principe d'addition des vitesses classique) se propagera alors dans le milieu m avec la vitesse c' par rapport à l'éther immobile I :

$$c' = \frac{c}{n} \pm \alpha w.$$

Cette valeur du coefficient de Fresnel de « l'entraînement partiel de l'éther » allait trouver quelque temps plus tard une confirmation expérimentale avec l'expérience de Fizeau (1851). Celui-ci, guidé lui aussi par Arago, avait exposé à plusieurs reprises le principe d'expériences (dites cruciales) destinées à déterminer si l'éther est entraîné ou non par les corps massifs (comme la Terre dans son mouvement, ou comme un fluide en mouvement). Il posait ainsi le sujet dans sa publication de 1851 :

> *Ces hypothèses [...] se rapportent à l'état dans lequel on doit considérer l'éther qui existe dans l'intérieur d'un corps transparent :*
> - *Ou l'éther est adhérent et comme fixé aux molécules du corps, et partage, par conséquent les mouvements qui peuvent être imprimés à ce corps ;*
> - *Ou bien l'éther est libre et indépendant, et n'est pas entraîné par le corps dans ses mouvements ;*
> - *Ou, enfin, par une troisième hypothèse, qui participe de l'une et de l'autre, une portion seulement de l'éther serait libre, l'autre portion serait fixée aux molécules du corps et partagerait seule ses mouvements.*

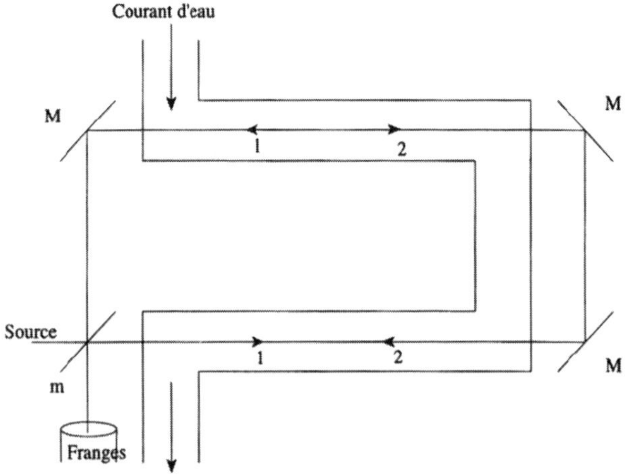

Fig. 2. *Schéma de l'expérience de Fizeau.* L'expérience met en jeu les interférences résultant de l'addition de deux faisceaux lumineux issus d'une même source au travers d'un miroir semi-transparent *m* et traversant un courant d'eau, l'un dans le sens de la propagation de l'eau et l'autre en sens inverse. Les trois miroirs M sont à 45° et L est la longueur d'un bras.

Fizeau observe dans son expérience une différence de temps de parcours de la lumière dans un éther partiellement entraîné : cette différence de temps de parcours est de $\frac{4Ln^2}{c}\alpha\frac{v}{c}$, où α est le coefficient d'entraînement de Fresnel, et v/c le rapport entre la vitesse du courant et la vitesse de la lumière dans l'éther non entraîné. Ce résultat, faisant intervenir le coefficient de proportionnalité α, semble confirmer la prédiction de Fresnel d'un entraînement partiel de l'éther avec un coefficient égal à $\alpha = 1 - 1/n^2$, infirmant les théories de l'entraînement total ($\alpha = 1$) ainsi que celles de l'absence d'entraînement ($\alpha = 0$).

Ce type d'expérience fut baptisé « du premier ordre en v/c », ne faisant intervenir que la puissance première de v/c : d'ailleurs, toute expérience où l'un des composants était en mouvement par rapport à l'autre, par exemple la lumière remontant un courant d'eau dans l'expérience de Fizeau, implique des coefficients en v/c et est donc du premier ordre. Après l'expérience de Fizeau, plusieurs autres expériences du premier ordre ont été faites, et toutes donnent un résultat expérimental confirmant la valeur du coefficient de Fresnel. On aboutit donc alors à la conclusion suivante : il n'est pas possible de détecter l'entraînement partiel par des expériences du premier ordre.

Finalement allait arriver la première expérience du second ordre en v/c, celle de Michelson en 1887. On sait que son résultat sera un des fondements des travaux de Lorentz, de Poincaré et d'Einstein sur la relativité.

Mais c'est Max von Laue qui prendra la peine d'assurer le lien avec les expériences (valides !) du « premier ordre », comme celle de Fizeau, et mettre ainsi fin à cette impasse épistémologique d'une théorie caduque (l'éther de Fresnel) donnant pourtant des résultats corrects. Dès 1907, deux ans après la publication de l'article d'Einstein sur la relativité restreinte, Laue comprend que, physiquement, le postulat de Fresnel correspond, en première approximation, à la loi d'addition des vitesses de la relativité restreinte (l'article publié en 1907 par Laue dans les *Annalen der Physik* est reproduit dans sa version originale p. 235-236).

Pour deux systèmes optiques en translation rectiligne et uniforme avec une vitesse v de l'un par rapport à l'autre, appliquer la relativité restreinte c'est-à-dire les transformations de Lorentz ou traiter le problème en mécanique classique avec un éther partiellement entraîné selon la relation de Fresnel donne, en première approximation, les mêmes résultats.

Pour vérifier cela, Laue applique, ce qu'il appelle « le théorème d'addition des vitesses d'Einstein [3] », qui est la conséquence du fait que les transformations de Lorentz forment un groupe.

Hat auch w die Richtung der X-Achse (Ξ-Achse), so erhalten wir:

$$U = \frac{v + w}{1 + \frac{v w}{V^2}}.$$

(...)

Es folgt ferner, daß die Lichtgeschwindigkeit V durch Zusammensetzung mit einer „Unterlichtgeschwindigkeit" nicht geändert werden kann. Man erhält für diesen Fall:

$$U = \frac{V + w}{1 + \frac{w}{V}} = V.$$

Fig. 3. *Théorème d'addition des vitesses d'Einstein.* Il s'agit ici d'extraits de l'article original de 1905 d'Einstein sur la relativité restreinte (« Sur l'électrodynamique des corps en mouvement »). Dans le deuxième extrait, on vérifie que toute vitesse w « ajoutée » à la vitesse de la lumière V conduit à la vitesse V (la vitesse de la lumière est une borne supérieure).

Le calcul relativiste

On peut simplifier les équations données par Von Laue en se plaçant, dès le départ, dans deux repères dont les axes des x sont parallèles : ce qu'il fait dans son texte en prenant le cas particulier $\cos\theta = 1$, et qui correspond au cas particulier posé dans l'extrait figure 3.

3. En allemand : « Das Einsteinsche Additionstheorem der Geschwindigkeiten ». On parle de nos jours plutôt de formule de composition des vitesses.

Ce cas est celui de l'expérience de Fizeau, qui s'interprète alors simplement dans le cadre relativiste. Soit u la vitesse du liquide dans le tube, v' la vitesse de la lumière dans le liquide en déplacement ($v' = c/n$, n étant l'indice de réfraction du liquide). La vitesse v de la lumière par rapport au tube est donnée par la formule relativiste de composition des vitesses :

$$v = \frac{u + v'}{1 + uv'/c^2} = \frac{u + c/n}{1 + u/nc}.$$

Max von Laue indique que pour $u \ll c$, un développement au premier ordre donne :

$$v = \frac{u + c/n}{1 + u/nc} = (u + c/n)(1 - u/nc),$$

soit, en négligeant les termes en u^2 :

$$v \simeq \frac{c}{n} + u\left(1 - \frac{1}{n^2}\right) = v' + \alpha u,$$

ce qui revient à formule classique (non relativiste) d'addition des deux vitesses v' et αu. Cette dernière valeur correspond, dans la théorie de l'éther, à l'entraînement partiel de l'éther par l'eau en mouvement à la vitesse u dans le tube : on retrouve ainsi en ce bas d'encadré (calcul relativiste au premier ordre) la formule du bas du premier encadré (calcul classique).

On démontre ainsi, grâce aux développements limités de Laue, que la composition relativiste des vitesses équivaut, au premier ordre, à l'addition classique des vitesses. Les calculs de Laue permettent de retrouver et de valider le postulat de Fresnel (entraînement partiel) dans la représentation de l'optique ondulatoire et de l'éther luminifère ; ils valident aussi l'expérience de Fizeau de 1851. Ce qui permet à Max von Laue de conclure ainsi son article de 1907 :

> *Ainsi, selon le principe de la relativité, la lumière est entièrement emportée par le corps. Néanmoins, juste à cause de cela, sa vitesse par rapport à un observateur (qui ne participe pas au mouvement du corps) n'est pas la même que la somme vectorielle de sa vitesse par rapport au corps et de*

celle du corps par rapport à un observateur. De cette façon, nous sommes dispensés de la nécessité d'introduire dans l'optique un « éther », qui pénètre le corps sans partager son mouvement.

Deuxième partie

RADIOACTIVITÉ

La découverte des rayons X par Röntgen

JEAN-JACQUES SAMUELI

Wilhelm Conrad Röntgen est né le 27 mars 1845 à Lennep, en Allemagne (Westphalie). Il a étudié à Zurich puis est devenu professeur de physique à Strasbourg (1876-1879) – alors sous occupation allemande –, à Giessen (1879-1888), Würzburg (1888-1900) et à Genève (1900-1920). Il a reçu le premier prix Nobel de physique en 1901 pour sa découverte des rayons X, faite fin 1895 alors qu'il faisait fonctionner un tube de Crookes dans l'obscurité.

L'expérience de Röntgen

Le 8 novembre 1895, Röntgen enveloppe d'un carton noir un tube de Crookes alimenté par une bobine de Ruhmkorff, c'est-à-dire par un transformateur excité par des impulsions électriques récurrentes. Il se produit à chaque impulsion une décharge électrique dans le gaz à basse pression remplissant le tube. Ayant placé ce tube dans l'obscurité, Röntgen observe une fluorescence sur un écran en papier recouvert de platinocyanure de baryum. Ce corps présente la propriété d'être fluorescent, c'est-à-dire de produire une émission lumineuse après avoir été lui-même illuminé. Cette fluorescence apparaît lorsque le papier est disposé à une distance inférieure à deux mètres du tube, et cela, même lorsque ce papier est protégé par l'interposition d'un carton noir. Röntgen en conclut qu'une radiation invisible de nature inconnue, qu'il nomme rayonnement X, est produite par le tube et est la cause de la fluorescence observée.

Le tube de Crookes

Sir William Crookes (1832-1919) avait inventé un dispositif expérimental appelé aujourd'hui tube de Crookes (ou tube à décharge, tube à gaz ou tube à cathode froide), afin d'étudier la fluorescence de minéraux.

Ce tube est simplement une ampoule de verre comportant deux électrodes à ses extrémités : une cathode métallique, en aluminium, et une anode, qui sert de cible aux électrons. On fait le vide dans le tube mais il reste une pression d'air résiduelle de l'ordre de 100 Pa (environ un millième d'atmosphère).

Une bobine d'induction est utilisée pour fournir une haute tension électrique entre anode et cathode. Il se produit alors une ionisation de l'air résiduel contenu dans le tube. Comme dans une pile, les ions positifs ainsi créés dans l'air sont attirés par la cathode, qu'ils heurtent en arrachant d'autres électrons au métal de la cathode, lesquels sont attirés par l'anode : avant la découverte de l'électron, on appelait « rayons cathodiques » le flux d'électrons arrivant sur l'anode ou sur la cible servant d'anode (comme la croix de Malte ci-dessous).

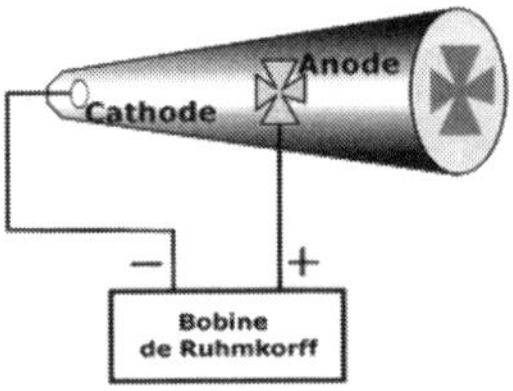

Fig. 1. *Tube de Crookes* (alimenté par une bobine de Ruhmkorff, visible à droite). Grâce au vide poussé au sein du tube, les électrons rencontrent peu de molécules sur leur trajet et conservent la grande vitesse (de l'ordre de $0,1\,c$) acquise grâce au champ électrique. Certains dépassent l'anode et provoquent une fluorescence du verre, accentuée lorsque le fond du tube est recouvert d'un matériau fluorescent. La projection de l'ombre de la croix de Malte amena Hittorf (1824-1914) à émettre l'hypothèse que quelque chose se déplaçait de manière rectiligne au sein du tube, ce qui sera baptisé « rayon cathodique ».

En 1895, Röntgen a cinquante ans, c'est un savant chevronné, très fin expérimentateur qui a déjà à son actif de nombreux travaux. Voici comment il retrace sa découverte [1] :

> *Je m'intéressais déjà depuis longtemps aux rayons cathodiques, qui avaient été étudiés spécialement par Hertz et Lenard. ...* [Je] *me proposais, dès que j'en aurais le temps, de réaliser quelques travaux personnels... Je trouvais le temps pour cela à la fin d'octobre 1895. ... Je travaillais avec un tube de Hittorf-Crookes, lequel était entièrement entouré de papier noir. Un morceau de papier au platinocyanure de baryum se trouvait à côté sur la table. J'envoyais un courant à travers le tube et remarquais, en travers du papier, une ligne noire, particulière. Il était exclu que la lumière puisse venir du tube car il était entièrement recouvert de papier, et ce dernier ne laissait passer aucune lumière... Je pensais qu'il s'agissait... de quelque chose de nouveau, mais encore inconnu.*

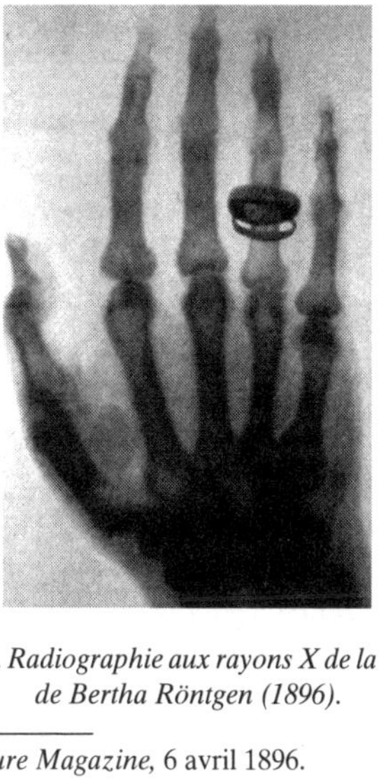

Fig. 2. *Radiographie aux rayons X de la main de Bertha Röntgen (1896).*

1. Röntgen, *Mc. Clure Magazine*, 6 avril 1896.

Il s'aperçoit que, si l'on interpose la main entre le tube et l'écran, on voit apparaître les os de la main. Le soir du 22 décembre 1895, il appelle sa femme pour venir voir sa découverte extraordinaire, lui demande d'interposer sa main et réalise la toute première radiographie X qui nous soit parvenue.

Comment Röntgen fait connaître ses résultats

Dès le 28 décembre 1895, Röntgen fait sa première communication sur cette découverte : « Sur une nouvelle sorte de rayons ». Il propose de les appeler « rayons X » : ces rayons étant d'origine inconnue, il les désigne par le nom de l'inconnue en mathématiques, X :

> *Afin d'être bref, j'utiliserai le terme 'rayons', et pour les distinguer d'autres du même nom, je les appellerai 'rayons X'*

Le succès de la découverte est immédiat ; voici en quels termes Röntgen le retrace à son ancien assistant et ami Zehnder : « [...] mon travail a été reconnu partout. Boltzmann, Warburg, Kohlrausch et (ce n'est pas le moindre) Lord Kelvin, Stokes, Poincaré et d'autres m'ont exprimé leur joie de cette découverte et leur considération [...] Je n'avais parlé de mon travail à personne. J'expliquais seulement à ma femme que je faisais quelque chose dont les gens diraient quand ils seraient au courant « Röntgen est vraiment devenu fou ! ». Au premier janvier, j'ai posté les tirés à part et, après cela, quelle sarabande ! La *Wiener Presse* a été la première à emboucher les trompettes de la renommée, puis d'autres ont suivi. »

Le 23 janvier 1896, devant la Société physico-médicale de Würzburg (pour laquelle il avait écrit son texte du 28 décembre 1895), Röntgen fait une conférence, la seule qu'il donnera sur le sujet, à laquelle assiste le célèbre anatomiste Kölliker[2]. Au cours de cette conférence, il réalise une radiographie de la main

2. Rudolph Albert von Kölliker (1817-1905) est un médecin suisse qui a montré le lien entre les fibres nerveuses et les neurones et mis en évidence le fait que les chromosomes sont impliqués dans l'hérédité.

de ce savant ; ce dernier propose alors d'appeler « rayons Röntgen » le nouveau rayonnement. Les travaux sur les rayons X se multiplient alors à une vitesse vertigineuse. Pour la seule Académie des sciences de Paris, deux notes sont consacrées au sujet lors de la séance du 3 février, puis quatre le 10 février, six le 17 février, six également le 2 mars [3]. Au total, ce sont plus de mille articles qui seront publiés sur le sujet en 1896 dont cent huit à l'Académie des sciences française.

Le 5 mars 1896, Röntgen publie un second article portant le même titre que le premier (*Sur une nouvelle sorte de rayons*) qu'il présente ainsi : « Mon travail devant être interrompu pour quelques semaines, je me permets de communiquer, dès maintenant, quelques nouveaux résultats. [...] Mais j'ai attendu, pour publier mes expériences, d'être à même de communiquer des résultats irréfutables. » Le 13 mai 1897, il fait paraître une troisième et dernière publication sur sa découverte, elle est intitulée : *Nouvelles observations sur les propriétés des rayons X.* Il confirme, entre autre, que les rayons X prennent naissance dans le verre, au point du tube frappé par les rayons cathodiques et se répandent ensuite « dans toutes les directions ».

Le texte de décembre 1895 de Röntgen

Röntgen tire diverses conclusions qu'il énumère dans des paragraphes numérotés 1 à 17. C'est une démarche scientifique de caractérisation d'un phénomène qu'il est intéressant de suivre.

§1 : Description du phénomène observé : Fluorescence induite à distance par une décharge dans un tube de Crookes.

> *La fluorescence ainsi produite étant indépendante du fait que la surface enduite du papier est dirigée vers le tube à décharge. Cette fluorescence est visible même si l'écran de papier est distant de deux mètres de l'appareil.*

3. C'est lors de la séance du 2 mars 1896 que Becquerel présente une note intitulée : *Sur les radiations invisibles émises par les corps phosphorescents,* dans laquelle il expose la découverte de la radioactivité (voir article ci-après).

§2 : La fluorescence de l'écran distant est bien provoquée par un rayon inconnu en provenance du tube, et non par la lumière solaire (visible ou ultraviolette) voire artificielle (arc électrique) avec laquelle on avait l'habitude d'observer jusqu'alors la fluorescence :

> *La propriété la plus étonnante de ce phénomène est le fait qu'un agent actif passe dans cette expérience au travers d'une enveloppe de carton noir, qui est opaque au rayonnement visible ou ultraviolet du soleil ou de l'arc électrique ; un agent qui a également la possibilité de produire une fluorescence active.*

§2 : C'est aussi dans ce paragraphe que Röntgen nomme cet effet :

> *Afin d'être bref, j'utiliserai le terme 'rayon'* [pour désigner l'agent responsable des phénomènes observés] *et pour les distinguer d'autres du même nom je les appellerai 'rayons X'.*

§2 : Ces rayons X passent à des degrés divers à travers la matière :

> *Le papier est très transparent : derrière un livre relié d'environ 1000 pages j'observe un écran brillant* [...] *une plaque d'aluminium de quinze millimètres d'épaisseur, bien qu'affaiblissant sérieusement l'action, ne fit pas disparaître totalement la fluorescence* [...] *Si la main est interposée entre le tube à décharge et l'écran, l'ombre plus sombre des os est vue dans l'ombre légèrement marquée de la main elle-même.*

§3 : L'absorption des rayons par les matériaux traversés est fonction de la densité de ces matériaux, mais à densité égale des différences existent.

§4 : L'absorption des rayons X par la matière croît avec l'épaisseur du matériau interposé.

§5 : Les métaux possèdent des transparences aux rayons X qui ne sont pas égales.

> *Les différents métaux possèdent des transparences qui ne sont pas égales, même lorsque le produit de leur épaisseur par leur densité est le même.*

§6 : Les rayons X ne sont pas visibles par l'œil. Ils impressionnent les plaques photographiques.

> *Les images photographiques peuvent être obtenues dans une pièce non obscure à l'aide de plaques photographiques dans leurs supports ou enveloppées de papier* [...]. *Même si l'œil est approché près du tube à décharge, il n'observe rien.*

§7 : Les rayons X, à la différence des rayons lumineux, ne sont pas déviés par des prismes de différents matériaux, ni concentrés par des lentilles.

> *Des expériences* [...] *dans un prisme en mica* [...] *ne montrèrent aucune déviation ni sur l'écran fluorescent ni sur des plaques photographiques.*

§8 : Aucune réflexion régulière des rayons X n'est détectable.

> *La réflexion régulière n'a pas lieu, mais divers corps se comportent vis à vis des rayons X comme les milieux troubles vis à vis de la lumière.*

§9 : Il est possible que la structure interne d'un matériau influe sur sa transparence aux rayons X.

§10 : L'intensité des rayons X détectés varie avec l'inverse du carré de la distance à l'anode du tube émetteur ; les rayons X sont peu atténués par l'air, alors que les rayons cathodiques le sont.

> *J'ai trouvé à partir de trois expériences, qui concordent très bien entre elles, que les intensités varient inversement avec le carré de la distance.*
>
> *Il s'ensuit que l'air absorbe une bien plus faible fraction des rayons X que des rayons cathodiques. Ce résultat est en complet accord avec l'observation mentionnée plus haut* [§1], *qu'il est encore possible de détecter une fluorescence à une distance de deux mètres du tube.*

§11 : Les rayons X ne sont pas défléchis par un champ magnétique, alors que les rayons cathodiques le sont.

> *La possibilité de déflexion par un aimant a, jusqu'à présent, été la caractéristique des rayons cathodiques* [...] *Je n'ai pas réussi à obtenir une déflexion des rayons X par un aimant, même dans un champ intense.*

§12 : Les rayons X sont produits par les rayons cathodiques sur la paroi de verre du tube à décharge.

> *L'endroit dont la fluorescence est la plus élevée sur la paroi du tube à décharge*[4] *peut être considéré comme le centre principal à partir duquel les rayons X rayonnent dans toutes les directions* [...] *Si les rayons cathodiques sont défléchis par un aimant à l'intérieur du tube, les rayons X proviennent alors d'un autre endroit, nouveau terminus des rayons cathodiques.*

§13 : Un tube de en aluminium – et non en verre – produit aussi des rayons X.

§14 : Le terme « rayon » est justifié par une propagation rectilinéaire.

> *Appeler « rayons » l'agent qui provient de la fenêtre d'un tube à décharge est justifié par le fait qu'une ombre peut être vue lorsque des corps plus ou moins transparents sont placés entre le tube et l'écran fluorescent.*

§15 : Des expériences d'interférences se sont révélées négatives.

§16 : Des expériences de déflexion par un champ électrique ne sont pas encore achevées.

§17 : Röntgen ignore la nature des rayons X mais propose l'hypothèse selon laquelle ils seraient des « vibrations longitudinales de l'éther. »

---

4. Röntgen parle ici de la fluorescence provoquée par les rayons cathodiques sur la paroi du tube de Crookes (*cf.* image 1, à droite), et non de celle provoquée par les rayons X sur un écran éloigné.

Pourquoi, donc, les nouveaux rayons ne pourraient-ils pas être liés aux vibrations longitudinales de l'éther ?

De nos jours, l'explication du phénomène d'apparition des rayons X

On l'a dit, Röntgen était avant tout un expérimentateur. Il ne participera pas à la caractérisation des rayons X en général, hors leur génération dans un tube de Crookes. Il cesse ses publications sur le sujet dès 1897, et ne cherche pas plus avant la nature des rayons qu'il a découverts. On peut se demander quelle est la raison de cette attitude. Max von Laue, qui montra en 1912 que les rayons X étaient des rayonnements électromagnétiques [5], a écrit à ce sujet [6] : « On m'a fréquemment demandé les raisons qui avaient pu amener cet homme à se retirer à un tel point après sa découverte. [...] À mon avis, il avait été tellement écrasé par l'impression produite par la découverte qu'il fit, alors qu'il était âgé de cinquante ans, qu'il ne s'en est plus relevé. »

On sait aujourd'hui que les électrons accélérés par une différence de potentiel provoquent l'émission de rayons X par effet de *Bremsstrahlung* c'est-à-dire par freinage lors de leur passage dans le champ des noyaux atomiques du matériau cible rencontré.

Le rayonnement de freinage, source d'apparition des rayons X dans le tube de Crookes

Le rayonnement de freinage, de l'allemand *Bremsstrahlung*, est un rayonnement électromagnétique à large spectre créé par le ralentissement de charges électriques.

Lorsque l'on bombarde une cible avec un faisceau d'électrons, ceux-ci sont freinés et déviés par le champ électrique des noyaux de cette cible. Selon les équations de Maxwell-Lorentz, toute charge

5. Friedrich W, Knipping P, von Laue M. *Interferenz-Erscheinungen bei Röntgenstrahlen.* Sitzungsberichte der Mathematisch-Physikalischen Klasse der Königlich-Bayerischen Akademie der Wissenschaften zu München, 1912 : pp. 303–322.

6. Max von Laue, *Geschichte des Physik.* Bonn, 1946.

électrique dont la vitesse varie, en grandeur ou en direction, émet un rayonnement électromagnétique.

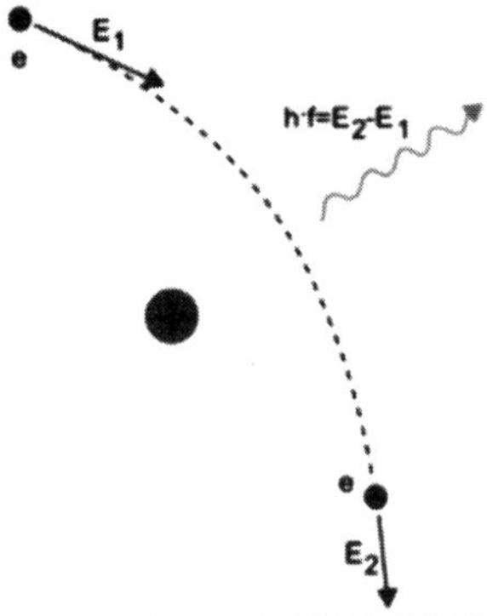

Fig. 3. *Rayonnement de freinage.* Les électrons passant à proximité des noyaux des atomes de la cible (à charge positive) sont déviés. Ils perdent de l'énergie et la différence d'énergie, pour un électron particulier, correspond à celle du photon X émis.

Comme la décélération des électrons n'est pas quantifiée, le rayonnement de freinage créé est un flux de photons dont le spectre en énergie est continu[7]. L'énergie émise sous forme de photons X est prélevée sur l'énergie cinétique E_c de l'électron de charge *e* qui poursuit sa trajectoire avec une énergie cinétique plus faible E'_c telle que :

$$E'_c = E_c - h\nu.$$

Si l'électron a été accéléré sous une différence de potentiel U et si toute l'énergie de l'électron incident est transformée en rayonnement, on obtient :

$$eU = h\nu_{max} = \frac{hc}{\lambda_{min}}$$

et, pour la longueur d'onde minimale du spectre : $\lambda_{min} = \frac{hc}{eU}$.

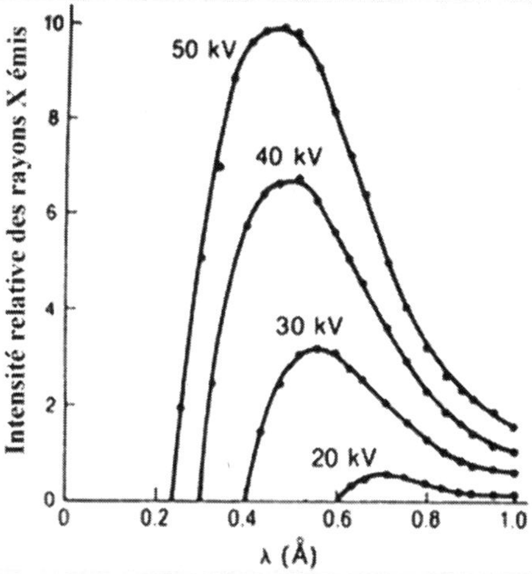

Fig. 4. C. T. Ulrey (*Phys. Rev.* 12, 47) a décrit en 1918 les spectres obtenus par bombardement du tungstène avec des électrons d'énergies comprises entre 20 et 50 keV. On vérifie que plus U augmente, plus la longueur d'onde λ_{min} diminue (U = 20 kV, λ_{min} = 0,6 Å ; U = 40 kV, λ_{min} = 0,3Å). On vérifie aussi que la majeure partie du spectre correspond à une longueur d'onde entre 0,3 et 1Å, dans la gamme des rayons X.

7. Les rayons X sont produits dans le matériau bombardé par les électrons de deux manières : 1) par le rayonnement de freinage (décrit ici), qui forme un spectre continu ; 2) par des raies monoénergétiques si les électrons incidents possèdent une énergie cinétique supérieure à l'énergie d'ionisation d'un électron du cortège électronique de l'atome-cible. Dans ce cas, l'électron du cortège change de niveau, et le retour à l'état stable s'effectue par émission d'un rayonnement X caractéristique de cette transition atomique. Ces raies monoénergétiques caractéristiques du matériau constituant la cible se superposent alors au spectre continu. Cette partie du spectre n'est pas représentée dans la figure 4.

Juste après Röntgen, la caractérisation des rayons X

Alors que Röntgen n'est pas allé lui-même plus avant, les rayons X ont fait l'objet de recherches très nombreuses et approfondies, directement récompensées par six prix Nobel. Ils sont également à l'origine d'autres découvertes dont la plus retentissante est celle, en 1896, de la radioactivité.

À la mort de Röntgen en 1923, la connaissance des rayons X s'est considérablement accrue grâce à la contribution d'un grand nombre de physiciens. L'anglais C.G. Barkla (1877-1944, prix Nobel 1917), étudiant la diffusion des rayons X, a montré [8] que le rayonnement diffusé est caractéristique du matériau constituant la cible. Max von Laue (1879-1960, prix Nobel 1914) établit en 1912 la nature ondulatoire des rayons X grâce à l'observation de la diffraction par un cristal (cette technique est une méthode de mesure des longueurs d'onde des rayons X, qui consiste à recueillir par un monocristal fixe le cliché de diffraction d'un faisceau de rayons X, dont le spectre est continu).

Moseley (1887-1915) précise en 1914 que l'intensité des raies X est fonction de Z^2, Z étant le numéro atomique de l'élément considéré. Maurice de Broglie (1875-1960) conduit en France à partir de 1913 des travaux précurseurs, et développe en particulier la méthode du cristal tournant utile pour mesurer les distributions angulaires. Sir William Henry Bragg (1862-1942) et son fils, Sir William Lawrence Bragg (1890-1971), tous deux prix Nobel 1915, étudient, à partir de 1912, les cristaux à l'aide des rayons X et établissent la loi donnant la direction de leur diffraction entre les plans réticulaires : lorsque l'on bombarde un cristal avec un rayonnement dont la longueur d'onde est de l'ordre de la distance inter-atomique, il se produit un phénomène de diffraction, la loi de Bragg régissant cette diffraction en fonction de l'angle d'incidence. En 1922, Arthur Compton (1892-1962, prix Nobel 1927) étudie la diffusion des rayons X sur le graphite et découvre l'effet qui porte son nom.

---

8. Barkla C. G. Secondary radiation from gases subject to X rays. *Phil. Mag.* 5, p. 685-698, 1903.

L'effet Compton

Arthur Compton a été le premier à étudier la diffusion de photons X par les électrons d'une cible. Lorsque le photon cède une partie de son énergie à un électron qui est éjecté, le photon diffusé voit sa fréquence diminuer selon la relation de Planck liant l'énergie à la fréquence. Compton montra que le changement de fréquence ne dépend que de l'angle de diffusion pour une particule cible donnée[9].

L'expérience de Compton décrite dans son mémoire de 1923, utilise la raie X dite Kα du molybdène pour bombarder une cible en carbone. Un spectromètre de Bragg permet la comparaison des spectres des rayons X primaires et des X diffusés.

Considérons un photon d'impulsion $\vec{p}_i$ et d'énergie $E_i = \vec{p}_i c$ se dirigeant vers un électron au repos d'énergie initiale $m_e c^2$. Le photon est diffusé par l'électron dans une direction faisant un angle θ par rapport à la direction d'origine. L'électron prenant une direction Φ, l'impulsion du photon après diffusion sera $\vec{p}_f$ et celle de l'électron $\vec{p}_e$.

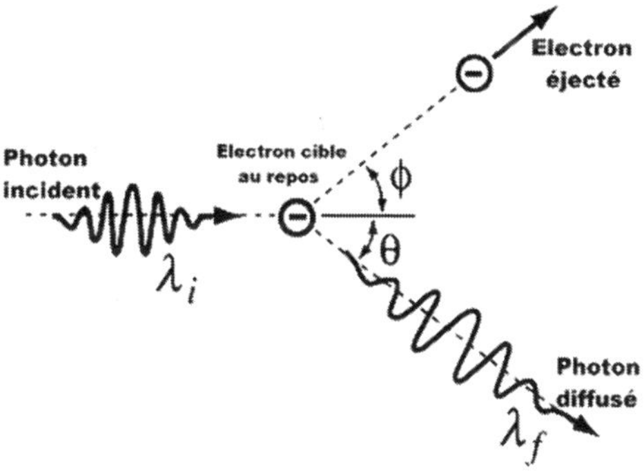

Fig. 5. Schéma de la diffusion Compton.

La conservation de l'impulsion et celle de l'énergie donnent l'équation de la diffusion Compton entre la longueur d'onde du photon incident et celle du photon diffusé :

$$\lambda_f - \lambda_i = \frac{h}{m_e c}(1 - \cos\theta).$$

Signalons aussi que Röntgen a donné son nom à deux unités. Lorsqu'un rayonnement pénètre la matière, il interagit avec elle et lui transfère de l'énergie. La dose absorbée par la matière caractérise ce transfert d'énergie : le röntgen (symbole R) est la dose de radiation ionisante qui produit une unité CGS électrostatique d'électricité dans un centimètre cube d'air sec à 0° C sous une pression d'une atmosphère. D'autre part, le *rem* est l'abréviation de « *Röntgen Equivalent Man* » : c'est une ancienne unité de dose de radiation dans les tissus humains, à présent remplacée par le sievert.

Conclusion

La découverte des rayons X a valu à Röntgen la Médaille Rumford en 1896, puis le premier prix Nobel de physique en 1901. Elle a été primordiale dans l'amélioration des connaissances en physique et est à l'origine d'un nombre incalculable d'applications actuelles dans tous les domaines de la connaissance. Cette découverte était inévitable, à la fin du dix-neuvième siècle car l'expérimentation sur les « rayons cathodiques » était alors systématique dans tous les laboratoires.

Röntgen est mort le 10 février 1923, à Munich.

9. A Quantum Theory of the Scattering of X-Rays by Light Elements, *Physical Review* 21, pp. 483-502, 1923.

Henri Becquerel : découverte de la radioactivité

Jean-Louis Basdevant

L'Académie des Sciences se réunit le lundi.

La séance du 24 février 1896 est animée. Arsène d'Arsonval présente la communication hebdomadaire de Gustave Le Bon sur la lumière noire. Ce médecin proclame depuis quatre lundis qu'il a établi que des formes de lumière traversent les corps opaques. L'opacité, dit-il, n'existe que pour notre œil imparfait ; construit un peu différemment, il pourrait voir à travers les murailles. Sonder l'invisible ! Un grand fantasme. Gustave Le Bon dit avoir photographié cette lumière noire. L'Académie a appelé au secours Auguste et Louis Lumière qui savent ce que photographier veut dire. L'entreprise familiale produit 15 millions de plaques photographiques par an. Ce 24 février 1896, la note des frères Lumière est polie mais ferme : « La mauvaise fermeture des châssis photographiques, leur défaut d'étanchéité, sont encore des causes d'erreurs fréquentes, dans les expériences du genre de celles qui nous préoccupent. Nous croyons pouvoir conclure que la *lumière noire*, dont il a été plusieurs fois question dans les Comptes Rendus, ne serait que de la *lumière blanche*, à l'abri de laquelle on ne se serait pas placé d'une façon suffisamment rigoureuse. »

Et puis, le même lundi 24 février 1896, on trouve une brève communication d'Henri Becquerel (voir page 237), aussi attendue que laconique ! Il a soigneusement enveloppé dans du carton noir des plaques photographiques achetées à l'usine Lumière, il a recouvert le tout de sels d'uranium, et l'a exposé au soleil sur le bord de sa fenêtre (fig. 1).

Fig. 1. *Premier dispositif de Becquerel.* Les sels d'uranium sont dans des tubes de verre. On voit le carton noir qui enveloppe les plaques photo (*cf.* texte du 24 février 1896 : « Les expériences que je rapporte ont été faites avec les radiations émises par des lamelles cristallines de sulfate double d'uranyle et de potassium [...] On enveloppe une plaque photographique Lumière, au gélatino-bromure, avec deux feuilles de papier noir très épais, tel que la plaque ne se voile pas par une exposition au Soleil, durant une journée.) *(Cliché Bibliothèque de l'École polytechnique.)*

Cinq heures plus tard, en développant ses plaques, il constate qu'elles sont impressionnées. Un rayonnement invisible a traversé le carton. Si l'on interpose des objets métalliques entre le sel d'uranium et la plaque, on voit leur silhouette se dessiner sur les clichés (fig. 2).

Henri Becquerel a 43 ans. C'est un homme modeste et doux. La communauté scientifique apprécie sa culture, la finesse de son jugement et ses talents d'expérimentateur, mais il apparaît davantage comme un continuateur plutôt qu'un créateur. On le connaît surtout comme le troisième membre de la dynastie des Becquerel qui, depuis le début du siècle, se succèdent tant à l'Académie qu'au Muséum.

Son grand-père Antoine-César (1788-1878), après avoir combattu dans la guerre d'Espagne, s'était lancé dans la physique.

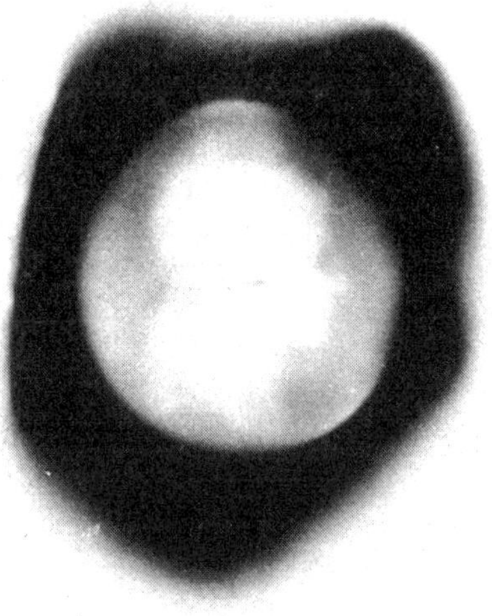

Fig. 2. *Un des premiers clichés de Becquerel.* Il a placé un médaillon métallique entre le carton et la plaque photo. En sombre, on observe l'impression de la plaque photo, plus forte à la verticale des sels d'uranium (fig. 1), mais atténuée par le métal du médaillon placé au centre. *(Cliché Bibliothèque de l'École polytechnique.)*

Il y avait laissé une œuvre considérable, notamment sur l'électricité. Il s'était pris de passion pour la phosphorescence lors d'un voyage à Venise, en découvrant la lagune, illuminée par des algues luminescentes. Cette passion l'avait mené jusqu'à élever des vers luisants, et à faire une collection de minéraux fluorescents dont des cristaux d'uranium. Le père d'Henri Becquerel, Alexandre-Edmond (1820-1891) avait préféré démissionner de l'École normale supérieure et de l'École polytechnique pour devenir l'assistant de son propre père au Muséum. Il laisse une œuvre considérable. Passionné par la photographie, il a le premier mis en évidence la partie ultraviolette du spectre solaire. Il était l'expert mondial en matière de phénomènes de luminescence, fluorescence et phosphorescence [1].

1. Henri Becquerel rend ainsi hommage à la tradition familiale dans son texte du 2 mars 1896 : « *Les caractères des radiations lumineuses émises par cette substance* [NB : le sulfate d'uranium] *ont été étudiées autrefois par mon père.* »

À vrai dire, lorsque l'Académie prend connaissance des observations de Becquerel, elle est en effervescence depuis plusieurs semaines. La découverte de la radioactivité est indissociable de celle des rayons X. Le quotidien parisien « le Matin » du 13 janvier 1896 a, le premier, annoncé au public parisien la découverte faite par Wilhelm Conrad Röntgen, le 8 novembre 1895 à Würzburg, de rayonnements invisibles et pénétrants, qu'il nomme de la lettre de l'inconnu, « X-strahlen ». Röntgen a rédigé une communication provisoire le 28 décembre 1895 pour la Société physico-médicale de Würzburg. La communication paraît le 2 janvier 1896. Le *Frankfurter Zeitung* annonce en même temps l'événement au public allemand.

Röntgen a découvert ces rayonnements en s'intéressant aux étranges rayons cathodiques qui se propagent dans le vide à l'intérieur du tube de Crookes (ancêtre du tube de télévision). On s'interroge beaucoup sur la nature de ces rayons électriques. En 1894, Lenard, constatant que les rayons cathodiques peuvent traverser un hublot métallique placé sur la paroi du tube, a décidé de les étudier en eux-mêmes, à la sortie. Pour protéger la zone expérimentale de tout rayonnement, il barde le tube et le hublot de feuilles opaques de plomb et d'étain. Röntgen répète ces expériences en suivant la procédure expérimentale de Lenard à un détail près. On ne sait pourquoi, c'est avec du carton noir et non du plomb qu'il enveloppe le tube (on saura plus tard que les rayons X sont arrêtés par le plomb, mais pas par le carton !). Il y a là, loin du tube, un écran enduit sur une de ses faces de platino-cyanure de baryum fluorescent. À sa stupéfaction, à chaque décharge du tube cet écran devient luminescent. Un rayonnement inconnu semble filtrer au travers du carton noir pour aller exciter la fluorescence de l'écran. Röntgen devient fébrile « C'est une chose tellement extraordinaire qu'on va dire que je suis devenu fou ! » En interposant sa main entre le tube et l'écran, il voit se dessiner les os de ses phalanges, entourés de la pénombre de ses chairs. Les corps sont plus ou moins opaques à ces rayons X. Il enregistre les images sur des plaques photographiques. « J'ai des photos de l'ombre des os de la main, d'un ensemble de poids enfermés dans une boîte... » écrit-il. Ces radiographies frappent l'imagination. C'est une révolution inimaginable pour la médecine et le diagnostic médical. En quelques années les hôpitaux seront équipés. Le Kaiser s'en fera faire une démonstration personnelle.

Revenons en France, à l'Académie. L'effervescence s'y est déclenchée le lundi 20 janvier 1896. Après s'être confortablement assoupis pendant un long exposé de Gabriel Lippmann sur « L'entretien du mouvement des pendules sans perturbations », suivi d'un autre sur « La circulation de l'air dans les sols agricoles », les Illustres sont brusquement arrachés à leurs songes en fin de séance, par une intervention du mathématicien Henri Poincaré, sollicité par Alfred Cornu, Président de l'Académie et ses deux secrétaires perpétuels Joseph Bertrand et Marcellin Berthelot. Poincaré, qui parle couramment l'allemand, a reçu un exemplaire de l'article de Röntgen avec la photographie. Arsène d'Arsonval lui a confié d'autres photographies envoyées par deux médecins, Paul Oudin et Toussaint Barthélémy qui ont pu reproduire l'expérience de Röntgen. Il fait circuler ces clichés que les Illustres n'ont jamais imaginés ! On y voit les os à l'intérieur d'une main vivante ! Sur le cliché de Röntgen, la main est celle de sa femme[2] !

En découvrant les photos, l'Académie s'anime. Henri Poincaré est un passionné de physique. Les interrogations fusent. Il y a là Henri Becquerel, qui, fasciné comme son ami Poincaré, se pose quantité de questions, notamment d'où viennent ces rayons invisibles ? Le soir venu, Poincaré constate que Röntgen le précise dans son article :

> *Il résulte d'un grand nombre d'essais que les points du tube à décharges où apparaît la phosphorescence la plus brillante, sont le siège principal d'où les rayons X naissent et se propagent dans toutes les directions, c'est-à-dire que les rayons X partent de la région où les rayons de cathode frappent le verre. Que l'on déplace les rayons de cathode dans le tube à l'aide d'un aimant et l'on verra les rayons X*

2. Voir figure 2, page 151.

> *partir d'un nouveau point, c'est-à-dire encore de l'extrémité des rayons de cathode. Les rayons X sont émis à l'extrémité opposée à la cathode, là où les rayons cathodiques atteignent le verre et provoquent une vive fluorescence.*

Dans son Éloge historique d'Henri Poincaré, lu le 15 décembre 1913 à l'Académie, Gaston Darboux insistera sur le fait suivant : « Notre regretté Secrétaire perpétuel, Henri Becquerel, ... se plaisait à répéter que, s'il avait entrepris les travaux qui lui ont valu l'honneur d'être lauréat du prix Nobel, et qui ont ouvert aux physiciens tout un ordre de recherches ... c'est à la suite de la lecture d'un article de la *Revue générale des Sciences*, de Poincaré. » Dans cet article de Poincaré, paru le 30 janvier 1896, on lit :

> *Ainsi c'est le verre qui émet les rayons Röntgen et il les émet en devenant fluorescent. Ne peut-on alors se demander si tous les corps dont la fluorescence est suffisamment intense n'émettent pas, outre les rayons lumineux, des rayons X de Röntgen, quelle que soit la cause de leur fluorescence ?*

Fluorescence, le mot clé est prononcé ! La phosphorescence, qui persiste plus longtemps, et la fluorescence d'une durée très brève sont des émissions lumineuses que certains corps produisent après avoir eux-mêmes été illuminés. Becquerel et Poincaré veulent savoir s'il y a ou non un lien entre les rayons X et la fluorescence.

Ils ne sont pas les seuls. Henri Becquerel est bien placé pour mener à bien cette analyse. Si ses premiers essais sont des échecs, au bout de quelques jours, il pense à utiliser des sels d'uranium. Pourquoi de l'uranium ? Chance, intuition, la tradition familiale y est pour beaucoup. « Les résultats de Röntgen ne justifiaient pas vraiment cette idée, dira-t-il en recevant le prix Nobel, mais les sels d'urane possédaient des propriétés de luminescence très extraordinaires, et il était véritablement tentant de procéder à cette investigation. » Il possède une quantité notable de ces composés d'uranium, qui ne sont jusque là que des curiosités, sans grande application [3].

D'où la note du 24 février. Pour qu'un corps devienne luminescent, on doit l'exposer à la lumière. Il faut exposer au soleil l'uranium, mais pas la plaque photographique qui doit détecter les rayons X. Becquerel enveloppe, par conséquent, ses plaques photo dans du carton noir, et met les cristaux de sels d'uranium dessus. Après exposition, il constate que les plaques ont été impressionnées, alors que des plaques témoins, sans sels, ne le sont pas. Tout semble confirmer l'idée que les sels d'uranium émettent effectivement des rayons X pendant leur fluorescence :

> *On doit donc conclure de ces expériences que la substance phosphorescente en question émet des radiations qui traversent le papier opaque à la lumière et réduisent les sels d'argent.* [Texte du 24 février 1896.]

Pourtant sa découverte n'est pas là. Elle vient une semaine plus tard. Il veut répéter son expérience le 26 et le 27 février. Hélas ! Paris est recouvert de nuages. Becquerel abandonne ses échantillons dans un tiroir, remettant son expérience à plus tard. Avant de reprendre ses travaux, le dimanche 1er mars, il développe par acquit de conscience ses plaques photo, dont tout laisse à penser qu'elles sont vierges puisque l'uranium était à l'abri du soleil. À sa stupéfaction, elles sont, au contraire, fortement impressionnées (fig. 3) :

> *Parmi les expériences qui précèdent, quelques-unes avaient été préparées le mercredi 26 et le jeudi 27 février et, comme ces jours-là le soleil ne s'est montré que d'une manière intermittente, j'avais conservé les expériences toutes préparées et rentré les châssis à l'obscurité dans le tiroir d'un meuble, en laissant en place les lamelles du sel d'uranium. Le soleil ne s'étant pas montré de nouveau les jours suivants, j'ai développé les plaques photographiques le 1er mars, en m'attendant à trouver des images très faibles. Les silhouettes*

3. L'uranium avait été découvert en 1789 par le chimiste allemand Martin Klaproth. On utilisait ses sels comme colorants dans les céramiques. Il acquit une certaine célébrité en occupant la 92e place du tableau de Mendeleïev.

apparurent, au contraire, avec une grande intensité. [Texte du 2 mars 1896, voir p. 238 ci-après.]

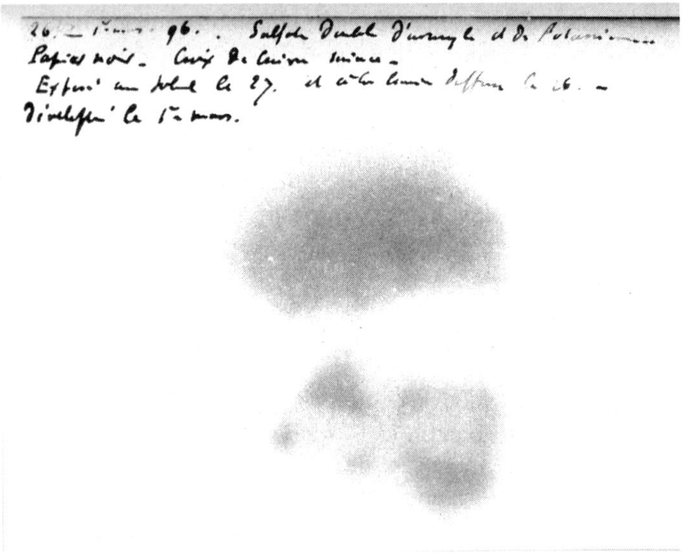

Fig. 3. Cliché développé par Becquerel le 1er mars 1896 après être resté dans un tiroir. On distingue dans la tache inférieure, une croix de Malte à laquelle Becquerel fait allusion (« Si, entre la lamelle du sel d'uranium et la lame d'aluminium ou le papier noir, on interpose un écran formé d'une lame de cuivre ... par exemple en forme de croix, on observe dans l'image la silhouette de cette croix, en plus clair... »). Les annotations sont de la main de Becquerel. (Cliché Bibliothèque de l'École polytechnique.)

Cette révélation à l'Académie, le lundi 2 mars, est un coup de théâtre pour ses collègues. Becquerel y laisse percer son émotion. L'impression de ses plaques est totalement indépendante de la fluorescence de l'uranium. Le sel d'uranium émet spontanément des rayons pénétrants qu'il ait ou non été exposé à la lumière solaire :

J'insisterai particulièrement sur le fait suivant, qui me paraît tout à fait important et en dehors des phénomènes que l'on pouvait s'attendre à observer : Les mêmes lamelles cristallines, placées en regard de plaques photographiques, dans les mêmes conditions et au travers des mêmes écrans, mais à l'abri de l'excitation des radiations incidentes et maintenues à l'obscurité produisent encore les mêmes impressions photographiques.

Becquerel sent qu'il y a là « un phénomène d'un ordre nouveau » comme il le dira dans son discours de réception du prix Nobel. Il prendra progressivement conscience que sa découverte est un phénomène majeur de la nature ! En deux mois, à la suite de la communication du 2 mars, il parviendra à démontrer que les composés d'uranium non fluorescents donnent le même effet, et que les matériaux fluorescents sans uranium ne donnent pas d'effet. Le lundi 18 mai 1896, Henri Becquerel annonce que la source de ces « rayons uraniques » pénétrants, comme il les baptise, l'agent « radioactif » (le terme viendra de Marie Curie) c'est l'uranium lui-même.

Becquerel est un expérimentateur. Il a peu de goût pour les théories, les siennes ou celles des autres. Il y a peu de formules dans ses articles. En revanche, la rigueur et la créativité de sa démarche sont étonnantes. Il a en permanence une attitude critique sur ses résultats et ses idées. Il est prêt à abandonner toute spéculation, aussi enthousiasmante soit-elle, face à la réalité des faits.

Au départ, il agit de façon rationnelle pour vérifier une idée logique. Il suppose que les rayons X accompagnent la fluorescence et veut le prouver. Ce qui marche d'abord admirablement, mais serait, sans sa persévérance, resté un exemple, oublié parmi tant d'autres, de la confirmation expérimentale d'une idée fausse.

Sa découverte survient lorsqu'il démontre que le phénomène qu'il a imaginé, c'est-à-dire l'émission de rayons X par le sel d'uranium fluorescent, n'existe pas ! Ainsi, la première découverte de Becquerel est qu'un phénomène n'existe pas. Il en découvre alors un autre : la radioactivité. Il a tourné le dos à la phosphorescence familiale :

Il importe d'observer que ce phénomène ne paraît pas devoir être attribué à des radiations lumineuses émises par phosphorescence, puisque, au bout de 1/100e de seconde, ces radiations sont devenues si faibles qu'elles ne sont presque plus perceptibles[4].

On se pose évidemment la question de savoir pourquoi il a éprouvé le besoin de développer des plaques censément vierges. Pourquoi ce geste ? Goût du détail, inspiration géniale ? Crookes, qui était venu lui rendre visite ce dimanche 1er mars 1896, est admiratif, comme il l'écrira en 1910 dans les comptes rendus de la Royal Society : c'est le réflexe d'un grand physicien. Becquerel s'attendait à trouver un faible effet : la phosphorescence disparaît progressivement, c'était une bonne occasion d'estimer l'émission évanescente. On mesure combien ce geste heureux a pu être jalousé par certains contemporains qui, sans doute, se jugeaient plus dignes de bénéficier de la main de la providence. Mais la découverte des rayons X par Röntgen n'était-elle pas aussi chanceuse, lorsque le carton noir avait remplacé du plomb ? Ces deux découvertes imbriquées de la physique sont peut-être celles dont les répercussions ont été les plus fortes sur le monde du XXe siècle avant la découverte du transistor.

Entre le printemps 1896 et la fin de 1897, Becquerel perd progressivement de l'intérêt pour ses rayons. Le deuxième souffle vient, à partir de 1898, lorsque Pierre et Marie Curie s'intéressent à leur tour au phénomène et découvrent puis isolent le polonium et le radium, dont les rayonnements sont un million de fois plus intenses que ceux de l'uranium. Henri Becquerel se lie aux Curie. Il les aide, présente leurs communications à l'Académie des sciences, leur apporte son appui. Pierre et Marie Curie lui prêtent du radium, avec lequel il fait de nouvelles expériences. Deux résultats sont à retenir.

---

4. Les radiations faibles évanescentes après 1/100e de seconde sont les radiations phosphorescentes déjà observées, et mesurées par son père, sur le sel d'uranium soumis à une excitation lumineuse. Cette phrase montre l'existence d'un phénomène additionnel (et spontané) mis en évidence par Henri Becquerel.

À la fin de 1899, ayant en tête ses tout premiers travaux, il veut étudier l'effet d'un champ magnétique sur les rayonnements du radium. Il constate qu'une partie des rayonnements radioactifs sont porteurs d'électricité, ce qu'aucun rayonnement spontané n'a jamais manifesté. Avec un collimateur, il fabrique des faisceaux de rayons et mesure leur déflexion par un champ magnétique. C'est ce qu'a fait J. J. Thomson deux ans plus tôt quand il a prouvé que les rayons cathodiques sont des faisceaux d'électrons. Le 26 mars 1900, Becquerel démontre que les rayons du radium sont déviés de la même façon que les rayons cathodiques de Thomson. Il vient de réaliser la première détection moderne d'une particule élémentaire en identifiant le rayonnement bêta comme une émission d'électrons.

Le second point concerne l'énergie dégagée. Depuis ses premières découvertes, Becquerel s'est posé la question de savoir quelle est la source d'énergie responsable de ce nouveau rayonnement. Pierre Curie est le premier à constater que cette énergie est considérable, il mesure que le radium dégage une énergie colossale, un million de fois supérieure à toute énergie de combustion connue, première reconnaissance de l'énergie nucléaire. Cela attirera l'attention du public et des médias. En 1904, le *St Louis Post Dispatch* écrit : « un grain du mystérieux radium sera montré à l'exposition universelle. Sa puissance est inimaginable. Avec ce métal, tous les arsenaux du monde pourraient être détruits. Il pourrait rendre la guerre impossible ! »

Les effets biologiques de ce dégagement d'énergie sont d'abord observés par Becquerel, encore une fois par « chance ». Pierre Curie lui a prêté un échantillon de radium, dans une ampoule scellée ; Becquerel met l'ampoule dans sa poche. Au bout de quelques heures, il constate une rougeur, qui se transforme en quelques jours en une plaie, semblable à une brûlure. La blessure tarde à cicatriser ; il y a nécrose des tissus. Lorsqu'il fait part de cette observation à Pierre Curie, ce dernier fait l'expérience, sur lui-même et sur son épouse, et procède à des expériences plus avancées sur des cobayes. Bientôt, tous les physiciens du domaine se livrent à ce jeu dangereux. La radiothérapie vient de naître ; Becquerel et Curie publieront ensemble sur ce sujet en 1901.

En 1903, le prix Nobel de physique est décerné pour moitié à Henri Becquerel, pour moitié à Pierre et Marie Curie, pour la découverte de la radioactivité. Becquerel avait découvert ce phénomène majeur, les Curie en avaient montré l'importance et l'étendue. Henri Poincaré fut proposé plusieurs fois pour le prix Nobel, notamment pour la relativité, avant sa mort prématurée en 1912. La radioactivité a associé Poincaré l'immense mathématicien passionné de physique et Becquerel, exceptionnel expérimentateur.

Le destin a placé Henri Becquerel à plusieurs charnières de l'histoire. Tout d'abord, la découverte de la radioactivité est un tournant exceptionnel parce qu'elle ouvre la voie à la physique nucléaire, à l'énergie nucléaire, à la structure intime de la matière et à la physique des particules élémentaires. En 1911, Rutherford établit l'existence des noyaux atomiques, et nomme proton, « premier », le noyau d'hydrogène, le plus léger. Il comprend qu'il doit exister un « proton neutre » ou neutron, identifié par Chadwick en 1932. En 1934, Fermi découvre la capture des neutrons par les noyaux.

Charnière de la physique, c'est aussi une charnière de l'histoire du monde. En décembre 1938, quelques mois avant le déclenchement de la seconde guerre mondiale, Hahn et Strassman découvrent la fission nucléaire. Frédéric Joliot, au début de 1939, comprend les réactions en chaîne, la possibilité de produire l'énergie nucléaire et de fabriquer des armes nucléaires. En 1939, Joliot dépose, avec Halban et Kowarski, une série de brevets sur la production et l'utilisation de l'énergie nucléaire. Il obtient l'achat par la France du stock mondial d'eau lourde en Norvège ; il sera emporté à Londres en juin 1940 par Halban et Kowarski. Le 2 décembre 1942, le premier réacteur nucléaire, construit par Fermi, diverge à Chicago. La réussite de cette expérience marque le démarrage, au plan scientifique, de ce que l'on devait appeler le « Projet Manhattan » décidé par le Président Roosevelt le 16 décembre 1941.

Ernest Rutherford : la transformation radioactive

Pierre Radvanyi

Rutherford, né en Nouvelle-Zélande, réalise à Montréal, au début du XXe siècle, une série d'expériences remarquables, dont une partie en collaboration avec Franck Soddy. Il montre, en partant du thorium, que la radioactivité est la transmutation d'un élément chimique en un autre par émission de rayonnement. Rutherford et Soddy résument en 1903 les conclusions de leurs travaux dans leur article *Radioactive Change* (La transformation radioactive).

Fig. 1. Ernest Rutherford (1871-1937). *(Image Fondation Nobel.)*

Après son prix Nobel de chimie en 1908, Rutherford découvre à Manchester, en 1911, que l'atome possède un noyau, et observe en 1919 la première réaction nucléaire. Il devient directeur du laboratoire Cavendish à Cambridge ; il compte nombre de prestigieux physiciens et chimistes parmi ses collaborateurs et élèves.

De la Nouvelle-Zélande à Montreal par Cambridge

La tombe d'Ernest Rutherford se trouve dans l'abbaye de Westminster, non loin de celle d'Isaac Newton. Pionnier majeur de la science de la radioactivité et de la physique nucléaire, il a été un des grands physiciens de la première moitié du vingtième siècle. Il naquit en 1871 à Spring Grove près de Nelson, sur la côte septentrionale de l'île du Sud de la Nouvelle-Zélande, dans une famille très nombreuse (ils étaient douze enfants). Ses parents étaient d'origine écossaise. Son père eut différentes activités : responsable d'une scierie, fabricant de traverses pour les rails de chemin de fer, cultivateur de lin ; sa mère, institutrice, veillait sur la famille.

La Nouvelle-Zélande du temps de Rutherford

La Nouvelle-Zélande est composée de deux îles montagneuses s'allongeant du Nord au Sud dans l'Océan Pacifique Sud ; l'île du Sud comporte les plus hautes montagnes et des fjords. Ces territoires étaient inhabités lorsque les premiers Maoris venant de Polynésie les abordèrent au IXe ou Xe siècle. Le premier peuplement important par les Maoris se situe au XIIe siècle ; ceux-ci s'installèrent alors surtout dans l'île du Nord, y apportant leurs plantes alimentaires et leur mode de vie.

Le premier Européen à observer ce pays fut le Hollandais Abel Tasman en 1642. La Nouvelle-Zélande fut « redécouverte » en 1769 par le navigateur anglais James Cook. Les premiers missionnaires arrivent vers 1820 et les premiers colons, notamment écossais, à partir de 1828. La Grande-Bretagne prend officiellement possession des îles en 1840 et en fait une colonie en 1851 ; un « acte constitutionnel » lui est octroyé l'année suivante. À partir de 1858, la Nouvelle-Zélande compte plus d'Européens que de Maoris. Ces derniers se voient dépossédés de leurs terres et de leurs forêts par les colons, ce qui conduit à des guerres de 1842 à 1846 et de 1860 à 1868. Les premiers colons, issus de milieux modestes, ont pourtant un esprit égalitaire, ce qui amène la Nouvelle-Zélande à être le premier pays au monde à donner le droit de vote aux femmes en 1893. La législation sociale sera très en avance sur son temps.

Le jeune Rutherford, très bon élève, obtint des bourses successives pour poursuivre ses études. Il étudia ainsi à l'Université Canterbury de Christchurch alors annexe de celle de Wellington. En 1894 il eut la chance de recevoir une bourse « Exhibition Science Scholarship » pour lui permettre de continuer son travail en Angleterre. On raconte que sa mère lui apporta la nouvelle alors qu'il était en train d'arracher des pommes de terre dans le jardin familial ; il posa alors sa bêche disant : « C'est la dernière pomme de terre que je ramasse ». Arrivé à Londres, il reçut une proposition de J. J. Thomson (1856-1940), directeur du laboratoire Cavendish à Cambridge, pour venir y travailler. Dans ce laboratoire, il acheva tout d'abord les recherches qu'il avait commencées en Nouvelle-Zélande sur la réception des ondes radio.

À cette époque J. J. Thomson étudiait l'ionisation des gaz. Ces expériences allaient le conduire en 1897 à la découverte de l'électron, un corpuscule près de 2 000 fois plus léger que l'atome d'hydrogène, ce qui lui vaudra le prix Nobel de physique en 1906. Rutherford collabora avec Thomson dans ses recherches sur l'ionisation et se révéla un expérimentateur très adroit, intuitif et fin observateur. En 1898, il obtint la chaire Macdonald de physique à l'Université McGill à Montréal ; le laboratoire qui lui était associé disposait de moyens exceptionnels. Son dernier travail à Cambridge avant de partir au Canada fut l'étude des rayonnements ionisants émis spontanément par l'uranium, découverts à Paris par Henri Becquerel. Il conclut ainsi son étude :

> *Ces expériences montrent que le rayonnement de l'uranium est complexe et qu'il comporte au moins deux types distincts de rayonnements – l'un qui est très facilement absorbé*

et que l'on appellera par commodité le rayonnement α, et l'autre de caractère plus pénétrant qui sera appelé le rayonnement β.

Ces dénominations furent assez rapidement acceptées par tous les chercheurs et sont encore utilisées aujourd'hui. Dans son nouveau laboratoire, Rutherford veut poursuivre ses recherches sur la radioactivité (ce nom venait d'être donné au phénomène par Marie Curie) et il se fait expédier à Montréal des sels d'uranium et des sels de thorium [1].

Un expérimentateur hors du commun

Au cours de l'été de 1899, Rutherford fait à McGill une observation étonnante, dont l'analyse se révélera très fructueuse. Après avoir placé un échantillon radioactif sur le plateau inférieur d'une chambre d'ionisation afin de mesurer le courant d'ionisation créé par la radioactivité, et ainsi mesurer le degré de radioactivité de l'échantillon, il note :

> *La sensibilité de l'oxyde de thorium à de faibles courants d'air est remarquable. Le mouvement de l'air, provoqué par l'ouverture ou la fermeture d'une porte à l'extrémité de la pièce opposée à l'endroit où est placé l'appareillage, est souvent suffisant pour diminuer considérablement la vitesse de décharge* [c'est-à-dire l'intensité du courant d'ionisation].
>
> *Quand l'appareillage est placé dans une enceinte fermée, pour supprimer les courants d'air, on trouve que l'intensité est pratiquement constante.*

Le physicien en conclut que :

> *En plus du rayonnement ordinaire, j'ai trouvé que les composés de thorium émettent continûment des particules radioactives d'une certaine sorte, qui conservent leurs propriétés*

1. Métal relativement abondant, découvert dans des minerais de Norvège en 1828 (d'où sa désignation issue du dieu de la mythologie norvégienne *Thor*). Sa radioactivité avait été mise en évidence indépendamment par Gerhardt Schmidt en Allemagne et par Marie Curie en France.

> *radioactives pendant plusieurs minutes. Cette « émanation », comme nous l'appellerons pour être bref, a le pouvoir d'ioniser le gaz dans son voisinage...*

Au cours de ses expériences, Rutherford découvre une autre propriété étonnante de l'« émanation » :

> *Les ions positifs produits dans un gaz par l'émanation ont le pouvoir de produire de la radioactivité sur toutes les substances sur lesquelles ils tombent... L'émanation des composés de thorium a ainsi des propriétés que le thorium lui-même ne possède pas.*

Cette émanation est-elle un gaz, une vapeur, un aérosol ? En novembre, il ajoute, dans un second article sur ce sujet dans *Philosophical Magazine* (qui paraît en février 1900), que le rayonnement, particulièrement pénétrant, de cette « radioactivité excitée », présente sur tous les corps touchés par l'émanation, voit son intensité diminuer de moitié en onze heures environ, lorsque le corps sur lequel elle apparaît n'est plus en contact avec l'émanation. Il parvient à l'éliminer complètement en frottant vigoureusement la surface du corps avec du papier-émeri ; elle sera par la suite appelée « dépôt actif ». Il note, sur les épreuves de son article, que Pierre et Marie Curie viennent d'observer au début de novembre sur des corps placés près de sources de radium une radioactivité qu'ils ont appelée « induite », analogue à la radioactivité excitée qu'il a mise en évidence. Il pense que Pierre Curie arrivera aux mêmes conclusions que lui, mais le physicien français s'attachera pendant quelque temps à une autre interprétation, comme nous le verrons un peu plus loin. Remarquons que Rutherford a le double handicap de disposer de sources bien moins intenses que celles de Paris et de voir les manuscrits de ses articles mettre un certain temps à parvenir à l'éditeur de l'autre côté de l'Atlantique, à Londres. Cependant, en juin 1900, en suivant la même méthode expérimentale que le chercheur de Montréal, un physicien allemand, Ernst Dorn (1848-1916), observe que le radium émet aussi une « émanation » : celle-ci sera appelée « radon » en 1923.

Ayant maintenant à McGill un emploi stable, Rutherford retourne en Nouvelle-Zélande au cours de l'été 1900 pour épouser sa fiancée Mary Newton et l'emmener avec lui au Canada. Au début de 1901, il écrit à sa mère dans leur contrée lointaine : « Je dois continuer à aller de l'avant car il y a toujours des gens sur ma trace. Je dois publier mon travail actuel aussi rapidement que possible pour rester dans la course. Les meilleurs sprinters dans cette voie de recherche sont Becquerel et les Curie à Paris qui ont fait beaucoup de travail très important sur le sujet des corps radioactifs au cours de ces dernières années. »

La rencontre avec Soddy

Le 28 mars 1901 a lieu à Montréal un débat passionné entre physiciens et chimistes à la Société de physique locale. On s'interroge sur l'existence de corps plus petits qu'un atome. Rutherford y expose la découverte, par son maître J. J. Thomson, de l'électron, dont la masse est plus de 1000 fois plus faible que celle de l'atome d'hydrogène ; cependant, face à lui, il trouve un jeune chimiste de talent à l'esprit vif arrivé depuis peu d'Oxford, Frederick Soddy, redoutable dans un débat contradictoire, qui défend l'atome indivisible comme base de la chimie moderne.

Frederick Soddy (1877–1956, prix Nobel 1921) et la notion d'*isotopes*

De six ans plus jeune que Rutherford, Frederick Soddy est né en 1877 à Eastbourne dans le Sussex. Après ses études à Oxford, suivies de deux années de recherche, il part au Canada et devient préparateur au département de chimie de l'Université McGill. Pendant 18 mois, il travaille avec Rutherford, assurant la chimie de leurs expériences. Ensemble ils découvrent la loi des transformations radioactives.

Au printemps 1903 Soddy retourne en Grande-Bretagne et, après un séjour dans le laboratoire de William Ramsay à Londres, devient, de 1904 à 1914, maître de conférences à l'Université de Glasgow. De 1905 à 1921, il écrit, pour la Société chimique de Londres, un rapport annuel sur les nouveaux résultats en radioactivité obtenus l'année précédente. Dans son rapport pour 1910, publié en 1911, il

remarque que le nombre de radioéléments qui occupent la dernière partie du tableau de Mendeleïev est trop grand. De plus, plusieurs d'entre eux, tels le thorium, le radiothorium et l'ionium, ou le radium D et le plomb, sont chimiquement complètement identiques.

On a donc affaire à des atomes du même élément chimique ayant des poids (masses) atomiques différents. Ceci doit se produire aussi pour les éléments qui ne sont pas radioactifs. En 1913, il appellera *isotopes* ces atomes différents d'un même élément. Il écrit :

> *L'homogénéité chimique n'est plus une garantie pour qu'un élément supposé ne soit pas un mélange de plusieurs de poids atomiques différents, ou pour qu'un poids atomique ne soit pas simplement un nombre moyen.*

Cette mise en évidence des isotopes et ses travaux antérieurs vaudront à Soddy, alors professeur à Oxford, le prix Nobel de chimie de 1921.

Dans les semaines qui suivent, Rutherford propose à Soddy de venir travailler avec lui ; il est en effet parvenu à la conviction que seule la coopération d'un chimiste lui permettrait d'élucider la véritable nature de l'*émanation* du thorium. Ce sera une collaboration particulièrement fructueuse qui durera un an et demi, Soddy effectuant les séparations chimiques et Rutherford réalisant les mesures physiques. Soddy utilise tous les réactifs chimiques possibles pour tenter de décomposer l'émanation ou pour réaliser avec elle des combinaisons chimiques ; sans succès.

L'émanation doit donc être un gaz inerte, un nouvel élément, analogue à l'argon découvert par William Ramsay et John Strutt (lord Rayleigh) quelques années auparavant, un membre lourd de la famille des gaz rares, l'homologue supérieur du xénon. Les deux jeunes scientifiques ont alors l'intuition décisive : le thorium, un métal, donne en permanence naissance à un gaz, l'émanation ! On raconte que Soddy dit alors : « C'est une transmutation ! » et que Rutherford lui répond : « Tais-toi, on va nous prendre pour des alchimistes ! »

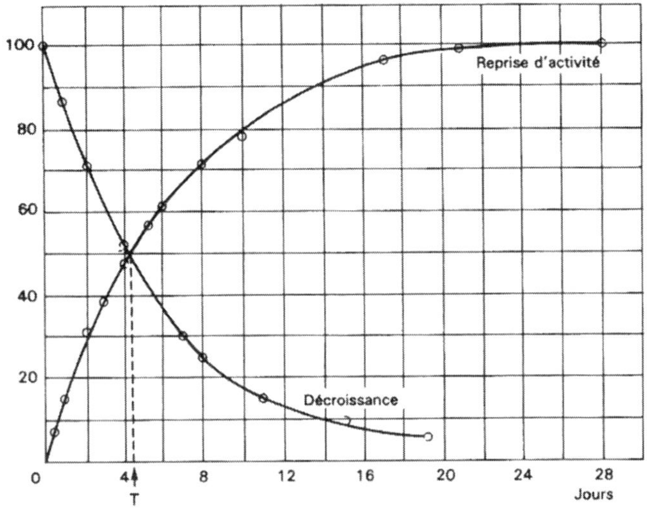

Fig. 2. *Décroissance de la radioactivité du thorium X séparé et reprise de la radioactivité de l'échantillon de thorium purifié dans les expériences de Rutherford et Soddy* (image extraite de *Histoire d'atomes,* P. Radvanyi, M. Bordry, Belin 1988, d'après Rutherford et Soddy, *Phil. Mag,* Sér. 6, vol. 4, sept. 1902, p. 370). T est la période du thorium X (Radium 224) : les mesures récentes donnent 3,63 j pour cette période[2].

2. Après une période T, les deux courbes se croisent car l'activité du thorium X séparé a décru de moitié, tandis que le thorium X continuellement formé dans l'échantillon de thorium purifié est revenu à la moitié de sa valeur d'équilibre. La somme des deux est en apparence constante, car le thorium a une période extrêmement longue (la décroissance de son activité n'apparaît pas sur

Ils reprennent leurs recherches. Le thorium est-il bien la véritable source de l'émanation ? Soddy isole du thorium extrêmement pur ; à leur grand étonnement, c'est le précipité dont le thorium a été séparé qui s'avère produire l'émanation et qui contient une grande partie de la radioactivité d'origine attribuée jusque-là au thorium. Un nouveau radioélément accompagne donc le thorium, que Rutherford et Soddy appellent thorium X.

Ils commandent de nouvelles quantités de sels de thorium très pur. Le chimiste et le physicien travaillent en étroite collaboration. Juste avant Noël, Soddy sépare aussi complètement que possible le thorium X. Rutherford est stupéfait lorsqu'il reprend ses mesures de rayonnement au début de janvier 1902 : la radioactivité du thorium X a considérablement décru, alors que le thorium a retrouvé à peu près sa radioactivité d'origine et son pouvoir de produire l'émanation, car il continue à produire du thorium X par transformation radioactive (voir figure 2). Ils apportent ainsi la preuve de ce que le thorium de période de vie extrêmement longue se transmute spontanément en thorium X, et que ce dernier décroît de moitié en un peu moins de 4 jours se transformant en émanation[3] ; celle-ci à son tour, avec une période d'environ 1 minute, produit le dépôt actif[4]. Ils montrent de la sorte que *la radioactivité est la transformation spontanée d'un élément chimique en un autre par émission de rayonnement.* Chacun des éléments de la chaîne (on dira plus tard « famille radioactive ») a sa radioactivité particulière, c'est-à-dire possède ses caractéristiques radioactives propres : il décroît exponentiellement avec sa propre période, en émettant un rayonnement spécifique, donnant le radioélément suivant. Il y aura finalement équilibre entre le nombre d'atomes formés et le nombre de ces mêmes atomes qui subissent la désintégration radioactive.

---

une échelle de 28 jours).

3. L'intervalle de temps au bout duquel la quantité d'un radioélément donné et l'intensité de son rayonnement ont diminué de moitié sera appelé *période*. Au bout d'une période, il ne subsiste que la moitié de la radioactivité initiale, au bout de deux périodes, il n'en subsiste plus que le quart, etc.

4. Le dépôt actif était en fait une succession de radioéléments, dont le premier, à partir de l'émanation du thorium, fut appelé thorium A (polonium 216).

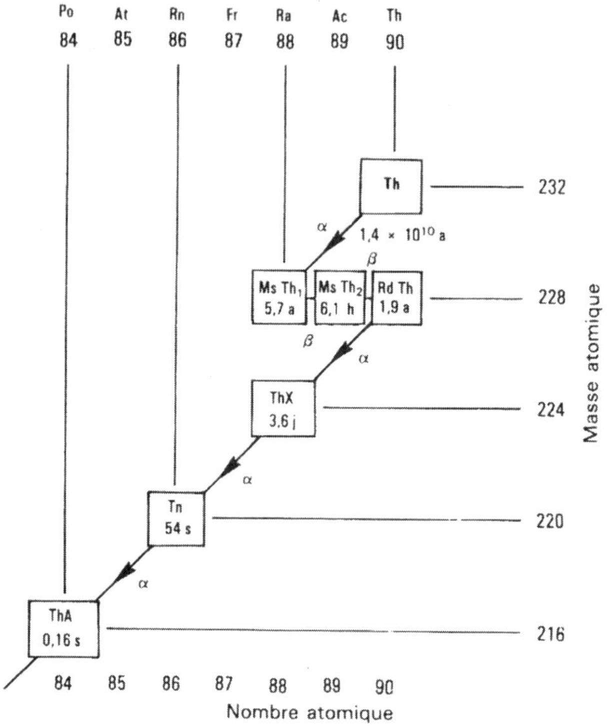

Fig. 3. *La famille du thorium jusqu'au premier radioélément du dépôt actif (thorium A)*[5]. Chaque radioélément reçut un nom particulier avec une abréviation (qui apparaît dans les petits carrés). Les radioéléments intermédiaires, Rd Th, Ms Th_1 et Ms Th_2 furent découverts par Otto Hahn en 1905 et 1907. Le début de la famille était alors complet et s'écrivait : Thorium → Mésothorium 1 → Mésothorium 2 → Radiothorium → Thorium X → Thoron (isotope du radon) → Thorium A → ... Après la découverte de l'isotopie et la compréhension de la signification physique du nombre atomique et du nombre de masse, on écrit aujourd'hui cette succession ainsi : Thorium 232 → Radium 228 → Actinium 228 → Thorium 228 → Radium 224 → Radon 220 → Polonium 216 → ··· : la dernière partie de la famille, appelée dépôt actif, débute au Polonium 216 et aboutit au Plomb 208 stable ; elle n'est pas représentée ici.

5. Au moment de la rédaction de leur article, Rutherford et Soddy ne « voient » que l'émanation et ce qu'ils appellent le « thorium X ». L'émanation

Cependant Pierre Curie, poursuivant ses propres expériences, demeure attaché à son interprétation préférée, à l'hypothèse selon laquelle (janvier 1902) : « l'atome radioactif est un mécanisme qui puise à chaque instant en dehors de lui-même l'énergie qu'il dégage. » En janvier 1903 il écrit : « M. Rutherford semble croire à la nature matérielle de l'émanation. » L'accusation allait loin. Rutherford alors se fâche et écrit au *Philosophical Magazine* : « M. Curie n'a apparemment pas remarqué l'un de nos derniers articles ... dans lequel nous montrons que si nous faisons passer lentement les émanations du thorium ou du radium dans un tube spiralé immergé dans de l'air liquide, les émanations se condensent dans le tube et le gaz qui sort ne présente pas de radioactivité. » L'émanation s'est liquéfiée à une certaine température. Elle est donc bien un gaz : la preuve est irréfutable. Curie répète cette expérience et est convaincu ; il se ralliera alors à la manière de voir de Rutherford et Soddy et adoptera leurs conclusions.

« *Radioactive change* » : la transformation radioactive

En mai 1903, Rutherford et Soddy publient dans *Philosophical Magazine* un grand article de synthèse résumant leurs résultats et leurs conclusions. Ils écrivent :

> *Dans des articles antérieurs, il a été montré que la radioactivité des éléments radium, thorium et uranium est maintenue par la production continue de nouvelles sortes de matière possédant une activité temporaire* [...]
>
> *Ces différents nouveaux corps se distinguent donc de la matière ordinaire sur seulement un point, qui est que leur*

s'avérera être le radon 220, le Thorium X s'avérera être le Radium 224. Les trois radioéléments intermédiaires, le Radium 228 émetteur β, l'Actinium 228 émetteur β, et le Thorium 228 émetteur α, n'avaient pas encore été mis en évidence. Ces derniers sont des isotopes radioactifs du Thorium de nombre de masse (ou « masse atomique ») 232, du Radium de nombre de masse 226 découvert par les Curie en 1898 à partir du minerai d'uranium, de l'Actinium de nombre de masse 227 découvert par Debierne en 1899.

> *quantité est bien inférieure à la limite atteignable par les méthodes ordinaires d'analyse chimique et spectroscopique. Pour présenter un exemple de ce que ceci n'est pas un argument contre leur existence matérielle spécifique, on peut mentionner que c'est encore vrai pour le radium lui-même sous sa forme native* [...] *et les résultats tendent à prouver que le radium est en réalité un des éléments chimiques les mieux définis et les plus caractéristiques...*

Ils doivent maintenant examiner la nature des transformations qui produisent ces nouveaux corps :

> *Lorsque plusieurs transformations ont lieu ensemble, elles ne sont pas simultanées, mais successives. Ainsi, le thorium produit le thorium X, le thorium X produit l'émanation de thorium, et cette dernière produit l'activité excitée. Mais on peut montrer que la radioactivité de chacune de ces substances est liée, non pas à la transformation par laquelle elle a été produite, mais à la transformation au cours de laquelle elle produit à son tour le nouveau type suivant. Ainsi, après que le thorium X a été séparé du thorium qui le produit, son rayonnement est proportionnel à la quantité d'émanation qu'il produit, et à la fois la radioactivité et le pouvoir d'émanation du thorium X décroissent suivant la même loi et au même taux.*

Leur conclusion à ce stade est claire :

> *Il n'est donc pas possible de considérer la radioactivité comme une conséquence de transformations qui ont déjà eu lieu. Les rayons émis accompagnent nécessairement la transformation du système qui rayonne en celui qui le suit.*

Les deux scientifiques examinent ensuite la nature matérielle du rayonnement, des rayons bêta, électrons chargés négativement, et des rayons alpha, chargés positivement, et dont la masse est plus de mille fois plus élevée que celle des électrons (ceci en supposant que la valeur de leur charge est la même) :

> *...les rayons* [α] *sont donc constitués de corps chargés positivement projetés à grande vitesse* [...] *La valeur de e/m, rapport de la charge du porteur à sa masse, est de l'ordre de* 6.10^3 [...] *Or $e/m = 10^4$ pour l'atome d'hydrogène lors de l'électrolyse de l'eau. La particule qui constitue les rayons α se comporte donc comme si sa masse était du même ordre que celle de l'atome d'hydrogène*[6].

Rutherford et Soddy notent en bas de page l'existence d'un autre type de rayons, en plus des rayons α et β, en remarquant que les trois corps radioactifs naturels alors connus (radium, thorium et uranium) émettent cet autre type de rayons. Ceux-ci, un rayonnement électromagnétique (donc sans charge) de grande énergie, ont été découverts en 1900 par le physicien français Paul Villard (1860-1934) ; ils furent appelés par la suite rayons γ ; ils ne correspondent pas à une transformation de l'élément chimique.

Une conséquence de cette analyse leur semble évidente :

> *À la lumière de ces preuves, il y a toute raison de supposer non seulement que l'expulsion d'une particule chargée accompagne la transformation, mais que cette expulsion est en fait la transformation.*

Ils exposent ensuite la loi des transformations radioactives qu'ils ont établie. La décroissance radioactive est exponentielle. Si N_0 est le nombre d'atomes radioactifs initialement présents, et N_t le nombre d'atomes qui sont encore inchangés au temps t, on peut écrire : $N_t/N_0 = e^{-\lambda t}$. Il s'ensuit que

> *le taux de transformation du système est à tout instant proportionnel à la quantité qui n'a pas encore été transformée.*

Cette proportionnalité est donnée par $dN_t/dt = -\lambda N_t$. La loi peut donc s'énoncer :

---

6. Rutherford et Soddy obtiennent donc à peu près 0,6 pour le rapport e/m de la particule α divisé par le rapport e/m de l'ion hydrogène. Ceci était un bon ordre de grandeur pour cette grandeur qui vaut approximativement 0,5.

la proportion de matière radioactive qui se transforme par unité de temps est une constante. λ est appelée la « constante radioactive ».

La période[7] T est liée à cette constante par la relation : $T = 0{,}693/\lambda$. Ils donnent une des conséquences expérimentales de la loi :

La complexité du phénomène de radioactivité est due à l'existence, en général, de différents types de matière se transformant simultanément l'un en l'autre, chaque type possédant une constante radioactive différente.

Ils expliquent et soulignent :

Au vu des connaissances actuelles, la radioactivité doit être considérée comme le résultat d'un processus qui se situe entièrement hors de la sphère des forces contrôlables connues, et ne peut être ni créée, ni altérée, ni détruite [...]

Il n'y a plus aucun doute sur l'affirmation originale de Mme Curie, selon laquelle la radioactivité est une propriété spécifique de l'élément [...]

Il sera montré plus loin qu'une transformation radioactive ne peut correspondre qu'à une désintégration atomique.

Les auteurs poursuivent leur analyse des transformations radioactives :

S'il existe des éléments plus lourds que l'uranium, il est probable qu'ils seront radioactifs. L'extrême sensibilité de la radioactivité en tant que moyen d'analyse chimique permettrait la reconnaissance de tels éléments, même s'ils étaient présents en quantité infinitésimale [...]

La transformation radioactive doit être telle qu'elle implique un seul système, car s'il s'y déroulait une combinaison où interviendrait l'action mutuelle de deux systèmes, le

7. Rappelons que l'on entend par période T la « demi-vie » radioactive : en un temps T, la population d'atomes radioactifs est divisée par 2. On a donc $e^{-\lambda T} = 1/2$, soit $T = 0{,}693/\lambda$.

taux de transformation dépendrait de la concentration [...] *Ceci n'est pas le cas.*

Ils en déduisent logiquement :

Puisque la radioactivité est une propriété spécifique de l'élément, le système subissant la transformation doit être l'atome chimique [...] *dans la transformation radioactive, l'atome chimique doit subir une désintégration.*

Parmi tous les éléments, les radioéléments sont ceux qui possèdent le poids atomique le plus élevé. C'est de fait leur unique caractéristique chimique commune. La désintégration de l'atome et l'expulsion de particules lourdes chargées [...] *conduisent à un nouveau système, plus léger, dont les propriétés physiques et chimiques sont totalement différentes de celles de l'élément originel.*

Rutherford et Soddy établissent ensuite pour la première fois l'existence de *familles radioactives* comportant chacune une suite de radioéléments se désintégrant les uns dans les autres [8]. C'est là un pas de géant pour la science de la radioactivité. Ils pensent reconnaître trois familles, dont ils donnent une ébauche, celles de l'uranium, du thorium et du radium ; les points d'interrogation dans le tableau (voir fig. 4 ci-après) représentent les produits ultimes des familles, alors inconnus. Les taux de désintégration du thorium et de l'uranium sont tellement lents à l'échelle géologique qu'on en retrouve de nos jours des quantités importantes. Ce taux paraît être environ un million de fois plus rapide pour le radium ; la période de celui-ci ne pourrait pas alors être supérieure à quelques milliers d'années ; le radium leur semble donc provenir par désintégrations successives d'un autre élément à vie très longue présent dans le minéral :

...le radium présent dans un minéral n'a pas eu une existence aussi longue que le minéral lui-même, mais est continuellement produit par transformation radioactive.

---

8. Dans cet article, ils appellent « *métabolons* » les radioéléments à vie courte qu'ils ont mis en évidence. Cette appellation sera abandonnée par la suite.

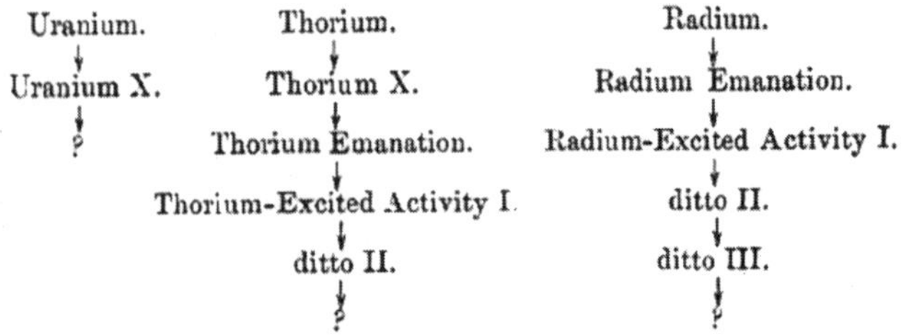

Fig. 4. *Dans l'article de 1903 de Rutherford et Soddy, se trouve la première esquisse des suites de désintégrations radioactives — plus tard appelées « familles radioactives ».* On trouve dans la nature trois familles d'éléments radioactifs lourds, issues de radioéléments de très longue période et aboutissant toutes les trois à des isotopes stables du plomb. Ces familles sont celles de l'Uranium 238/Radium, du Thorium, et de l'Uranium 235/Actinium[9]. Une quatrième famille, celle du Neptunium 237, est constituée uniquement de radioéléments artificiels et aboutit au bismuth. Il ne peut exister que quatre familles de ce type.

De fait, il sera montré par la suite que la famille du radium, telle qu'elle est esquissée ci-dessus par Rutherford et Soddy, fait partie de celle de l'uranium (on dit aujourd'hui : de l'uranium 238/radium). La famille du thorium sera complétée. On mettra aussi en évidence la famille de l'actinium descendant de l'uranium 235 (autre radioélément naturel de très longue période), et, dans les années quarante, celle du neptunium 237 (le neptunium sera le premier élément transuranien « artificiel » créé par l'homme[10]). Les « radioéléments naturels » sont les radioéléments à vie très longue qui subsistent depuis la formation de la Terre, accompagnés des radioéléments à vie plus courte qui proviennent de leur désintégration (certains radioéléments naturels, tel le potassium 40, ne font toutefois pas partie des quatre familles qui occupent elles la dernière partie du tableau de Mendeleïev, celle des éléments lourds).

9. Sur la figure 4, seules deux de ces trois familles actuelles apparaissent : la famille au centre correspond à celle du thorium ; la famille de droite viendra, par la suite, en prolongement de la famille de gauche, correspondant à la famille de l'uranium 238/radium.

10. L'ensemble de la famille radioactive du neptunium est composé de radioéléments artificiels. Les trois autres familles radioactives (uranium 235, uranium 238/radium, et thorium) sont issues de radioéléments naturels.

Les auteurs calculent ensuite, sur la base de leurs expériences, l'énergie libérée par la désintégration de 1 gramme de radium, et la comparent à celle libérée par une transformation chimique produisant beaucoup d'énergie comme l'union de l'hydrogène et de l'oxygène pour donner 1 gramme d'eau. Considérant que chaque désintégration d'un atome de radium produit au moins une particule α (et davantage si l'on tient compte des filiations successives), ayant mesuré l'énergie cinétique d'une telle particule, estimant le nombre d'atomes par gramme de radium, Rutherford et Soddy obtiennent une valeur minimum de l'énergie libérée par la transformation radioactive de tous les atomes d'un gramme de radium. L'énergie libérée par la synthèse d'un gramme d'eau est connue. Ils en concluent ainsi que :

> *L'énergie de la transformation radioactive doit donc être au moins vingt mille fois, et peut-être un million de fois, plus grande que l'énergie de n'importe quelle transformation moléculaire.*

D'autre part

> *l'énergie totale de la transformation radioactive* [...] *ne peut constituer qu'une partie de l'énergie interne de l'atome, car l'énergie interne des produits résultants reste inconnue. Toutes ces considérations conduisent à la conclusion que l'énergie latente dans l'atome doit être énorme en comparaison avec celle qui est libérée dans les transformations chimiques ordinaires. Cependant, les radioéléments ne diffèrent en aucune manière des autres éléments dans leur comportement chimique et physique* [...] *Il n'y a donc aucune raison de supposer que seuls les radioéléments possèdent cette énorme réserve d'énergie...*

Rutherford et Soddy concluent :

> *L'existence de cette énergie rend compte de la stabilité des éléments chimiques... Elle doit être prise en compte en physique cosmique. L'entretien de l'énergie solaire, par exemple, ne présente plus aucune difficulté fondamentale si l'énergie*

interne de ses constituants est considérée comme disponible, c'est-à-dire si des processus de transformation subatomique ont lieu.

Ces prévisions sont remarquables. La loi des transformations radioactives apporte clarté et ordre dans le domaine de la radioactivité. Soddy au printemps 1903 retourne en Angleterre. Rutherford poursuit ses recherches au Canada jusqu'en 1907, quand il devient professeur à l'Université de Manchester. Le jeune radiochimiste Otto Hahn (1879-1968), futur prix Nobel, qui venait de mettre en évidence un nouveau radioélément, le radiothorium (thorium 228), avait passé une année auprès de lui à Montréal.

La suite du programme

La question de la nature des produits ultimes des familles radioactives était maintenant posée. Déjà en 1902, Rutherford et Soddy avaient écrit : « *On peut naturellement conjecturer que la présence d'hélium dans les minéraux et son invariable association avec l'uranium et le thorium sont liées à leur radioactivité.* » Si l'hélium est un produit ultime de désintégration, il serait possible que la particule alpha elle-même soit un atome d'hélium. Dès 1903, utilisant une très forte source de bromure de radium, Soddy et Ramsay, dans le laboratoire de ce dernier à Londres, mirent effectivement en évidence la présence d'hélium dans le radium et dans l'émanation (radon) grâce à son spectre optique.

La datation géologique de l'américain Boltwood, sur une idée de Rutherford

Dans une conférence prononcée à Saint-Louis aux Etats-Unis en septembre 1904, Rutherford propose d'utiliser la teneur en hélium des minéraux uranifères pour déterminer l'âge minimum de ces roches, âge minimum car l'hélium occlus peut s'en échapper[11]. Le physicien américain Bertram B. Boltwood (1870-1927), professeur à l'Université Yale, est un grand admirateur de Rutherford avec lequel il échangera une abondante correspondance et dont il deviendra l'ami. Boltwood pendant quelques années est co-directeur d'un laboratoire privé d'ingénierie des mines. Il vérifie la suggestion de Rutherford en faisant des mesures sur des roches de différents âges. Il montre que le radium est un produit de la désintégration de l'uranium, car le radium et son émanation apparaissent toujours dans les mêmes proportions par rapport à l'uranium dans les minéraux uranifères. Il découvre en 1907 le radioélément manquant intermédiaire, qui fut appelé « ionium » (le thorium 230), le parent immédiat de très longue période du radium. Trouvant du plomb dans tous les minéraux contenant de l'uranium, Boltwood est le premier à penser que le plomb est le produit final de la suite des désintégrations radioactives. Il met ainsi au point, en 1905-1907, une nouvelle méthode de mesure de l'âge des roches terrestres, capable de dater des roches vieilles de plusieurs milliards d'années.

Il s'agit d'une des premières méthodes rigoureuses de datation géologique, précédant la méthode au carbone 14 de William Libby, mise au point dans les années 1940 ; cette dernière fait aussi appel à la radioactivité résiduelle, mais est utilisée pour des datations plus récentes (quelques milliers d'années).

Rutherford avait déjà entrepris d'examiner de plus près la nature du rayonnement le plus énergique émis par les radioéléments, c'est-à-dire des particules alpha. Cette quête va le conduire vers de nouvelles découvertes. Une première expérience ingénieuse lui avait permis de montrer qu'il s'agissait là de particules de charge positive, dont la masse était de l'ordre de grandeur de celle de l'atome d'hydrogène. Des mesures plus précises lui donnent le rapport de la charge à la masse des particules alpha. Il soupçonne alors que ces particules sont des atomes d'hélium portant une double charge, mais il fallait le prouver.

Dans son nouveau laboratoire de Manchester, Rutherford accueille de jeunes chercheurs ; parmi ceux-ci se trouve le physicien

11. Cette intuition était déjà en germe dans l'article de 1903 analysé ici, dans lequel on peut lire : « Dans les minéraux sous forme naturelle contenant les radioéléments, ces transformations [radioactives] doivent avoir lieu continuellement pendant de très longues périodes et, à moins qu'ils réussissent à s'échapper, les produits ultimes devraient s'être accumulés en quantité suffisante pour être détectés, et devraient donc apparaître dans la nature comme les compagnons invariables des radioéléments ».

allemand Hans Geiger (1882-1945), arrivé déjà à Manchester en 1906 après avoir soutenu sa thèse à Erlangen sur la décharge électrique dans les gaz. Rutherford et Geiger développent un appareil, l'ancêtre du fameux compteur Geiger, leur permettant de détecter les particules alpha une à une, et de mesurer ainsi leur nombre émis par seconde par une quantité donnée de radium. Ils vérifient leur résultat à l'aide de la méthode des scintillations, mise au point indépendamment. La détermination de la charge positive totale emportée par l'ensemble des particules alpha leur permet de conclure en 1908, que ces particules sont bien des atomes d'hélium, émis à grande vitesse, portant deux unités de charge électrique.

En décembre 1908 Rutherford reçoit le prix Nobel de chimie « pour ses recherches sur la désintégration des éléments et la chimie des substances radioactives ». En conclusion de son discours de présentation, le président de l'Académie royale des sciences de Suède souligne :

> *La théorie de la désintégration et les résultats expérimentaux sur lesquels elle s'appuie sont synonymes d'une nouvelle orientation en chimie, impliquant une compréhension neuve et résolument plus étendue des bases mêmes de cette science. Pour les chimistes du* XIXe *siècle, l'atome et l'élément chimique représentaient les limites ultimes que l'on pouvait atteindre par décomposition chimique et fixaient ainsi la limite de la recherche expérimentale. Savoir ce qui pouvait exister au delà n'était qu'un sujet de spéculations plus ou moins vagues et stériles. Cette frontière, pendant longtemps infranchissable, a maintenant été balayée...*

L'atome possède un noyau, et les rayons α permettent de le découvrir !

Rutherford est maintenant sûr de la nature des particules alpha. Il veut alors connaître les propriétés de ces particules de grande vitesse lorsqu'elles traversent la matière. Il demande donc en 1909 à son collaborateur Hans Geiger et à un étudiant anglais, Ernest Marsden (1889-1970), récemment arrivé dans son laboratoire, d'étudier la diffusion des particules alpha à travers de minces feuilles métalliques, et notamment de feuilles d'or ; les jeunes physiciens utilisent une forte source de radon et la méthode des scintillations pour compter les alphas. Geiger et Marsden lui montrent alors un résultat surprenant qu'ils ne parviennent pas à expliquer. La plupart des particules traversent les feuilles, déviées simplement d'un petit angle par rapport à la direction initiale ; mais sur une feuille d'or, quelques-unes sont

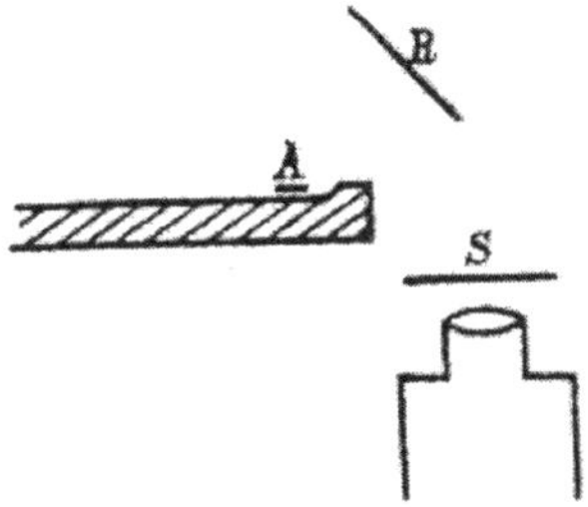

Fig. 5. *Schéma d'une des expériences de Geiger et Marsden (1909).* La source radioactive de particules α est en A, une feuille de platine est en R, S est l'écran à scintillations vu à travers le microscope : les physiciens observent que certaines particules α reviennent vers l'arrière. (H. Geiger et E. Marsden, *Proc. Royal Soc.* 1909 A, vol. 82, p. 495.)

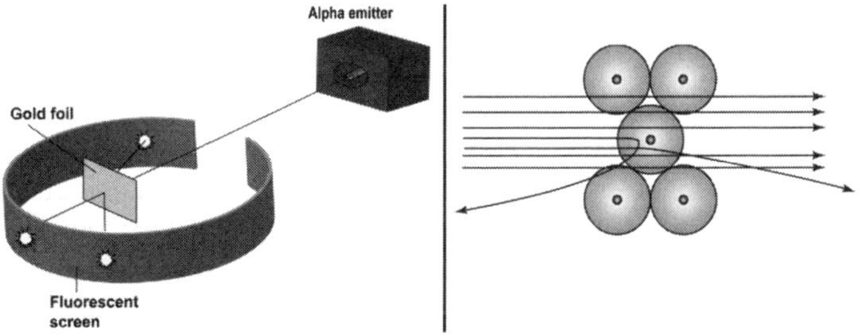

Fig. 6. *Schématisation actuelle de l'expérience de Geiger et Marsden.* À gauche, le dispositif utilisé : on voit certaines particules alpha revenir en arrière. À droite, l'explication par la présence des noyaux au centre des atomes.

déviées de plus de 90°, revenant donc en arrière. Rutherford décrira ainsi son étonnement : « C'était comme si vous aviez tiré un obus de 15 pouces sur une feuille de papier de soie et qu'il ait rebondi et vous ait atteint. » Il va réfléchir pendant un an et demi pour comprendre, en suivant même un cours de statistique.

En décembre 1910, Rutherford dit enfin à Geiger : « Je sais maintenant à quoi ressemble un atome ! » Son article de base paraît dans *Philosophical Magazine* en mai 1911. Il conclut que, si la particule alpha passe près du centre d'un atome, sa trajectoire, sous l'effet d'une force répulsive variant en raison inverse du carré de la distance, sera une hyperbole, et que l'atome contient une charge centrale distribuée dans un tout petit volume ; les grandes déflexions sont dues à la totalité de la charge centrale. L'année suivante il appellera *noyau* cette région centrale de l'atome où sont concentrés sa charge positive et l'essentiel de sa masse. Geiger et Marsden confirmeront par de nouvelles expériences les prévisions quantitatives de l'analyse théorique de Rutherford.

Les contemporains saisissent immédiatement l'importance et les conséquences de cette découverte. Un avocat hollandais en affaires immobilières, physicien amateur remarquable, Antonius J. van den Broek (1870-1926), propose en 1911 et 1913, dans deux lettres à la revue *Nature*, que « le nombre d'éléments chimiques possibles est égal au nombre de charges permanentes possibles de chaque signe par atome, ou, en d'autres termes, à chaque charge permanente possible (de l'un ou de l'autre signe) par atome correspond un élément possible. » Il ajoute : « si l'on range tous les éléments par poids atomiques croissants, le numéro d'ordre de chaque élément dans la classification doit être égal à sa charge intra-atomique. » Un jeune collaborateur de Rutherford, Henry G. J. Moseley (1887-1915), se met aussitôt en devoir de vérifier expérimentalement la proposition de van den Broek. Utilisant la nouvelle méthode de Bragg de spectroscopie des raies X par réflexion sur un cristal, il fait « l'appel » des éléments (il en trouve 92 jusqu'à l'uranium), et confirme, en 1913-1914, les suggestions du physicien amateur hollandais. Le numéro d'ordre de la classification périodique de Mendeleïev a désormais une signification physique.

Au début de 1912, un jeune physicien théoricien danois, Niels Bohr (1883-1962), après avoir soutenu sa thèse à Copenhague, décide de faire un séjour scientifique en Grande-Bretagne. Il se rend d'abord à Cambridge chez J. J. Thomson. Cependant, ayant appris la découverte du noyau de l'atome par Rutherford, il vient travailler auprès de lui à l'Université de Manchester. Là, il commencera à élaborer son premier modèle de l'atome, s'appuyant sur la nouvelle description de Rutherford et la quantification à l'échelle microscopique introduite par le physicien allemand Max Planck. Ce sera l'atome de Bohr (prix Nobel de physique de 1922).

Un chimiste hongrois, après des études en Allemagne et un poste d'assistant à Zurich, Georg de Hevesy (1885-1966), rejoint en 1910 le laboratoire de Rutherford. Celui-ci lui propose de tenter de séparer le radium D du plomb. N'y parvenant pas (le radium D sera reconnu comme un isotope du plomb), Hevesy a dans le train entre Vienne et Budapest l'idée d'utiliser cette propriété pour faire du radium D le premier indicateur radioactif (1913) ; il réalise la première expérience de ce type peu après avec le physicien et chimiste autrichien Friedrich Paneth. Le grand succès des indicateurs radioactifs sera obtenu par Hevesy avec les radioéléments artificiels et lui vaudra le prix Nobel de chimie de 1943.

Un autre jeune physicien arrivé en 1911 au laboratoire de Rutherford pour achever ses études est James Chadwick (1891-1974) qui reçoit en 1913 une bourse pour poursuivre ses recherches à l'étranger. Il choisit d'aller travailler à Berlin dans le laboratoire dont Hans Geiger vient d'être nommé directeur. En ce lieu, il étudie les rayons β émis par les corps radioactifs, censés alors être tous des électrons mono-énergétiques, comme le sont les alphas. Mais Chadwick observe, en utilisant la technique des compteurs, que la majorité des électrons forment des spectres continus (spectres bêta). Pendant toute la guerre de

1914-1918, Chadwick, citoyen britannique, est interné dans le camp de prisonniers civils de Ruhleben. Il y fait la connaissance d'un autre interné, Charles D. Ellis, qui rêve de devenir officier d'artillerie après la guerre. Chadwick le convainc de devenir physicien et d'aller comme lui travailler avec Rutherford après la fin du conflit. Ellis sera alors le premier à mettre en évidence l'existence de niveaux d'excitation du noyau.

Les débuts de la « physique nucléaire »

En 1919, encore à Manchester, Rutherford fait une expérience toute simple qui ouvrira une voie nouvelle à la science de la radioactivité. Dans une petite chambre (une boîte parallélépipédique), fermée par un écran scintillant, il place une forte source radioactive émettrice de rayons alpha énergiques. Il remplit la chambre d'azote. Lorsque la source est suffisamment éloignée de l'écran, les alpha ne peuvent plus l'atteindre, et pourtant Rutherford continue à observer des impacts provoquant des scintillations. Ce phénomène ne se produit pas lorsque la chambre est remplie d'oxygène ou de gaz carbonique. Il constate qu'il s'agit de protons (noyaux d'hydrogène) et conclut que quelques particules alpha ont désintégré des noyaux d'azote.

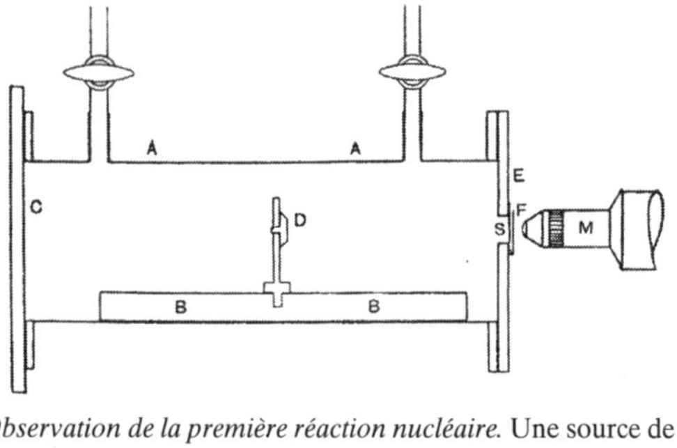

Fig. 7. *Observation de la première réaction nucléaire.* Une source de radium est placée en D, un écran scintillant au sulfure de zinc en F, la chambre est fermée par une mince feuille d'argent S. (Rutherford, *Phil. Mag.* 1919, vol. 37, p. 581 et Rutherford, Chadwick & Ellis, *Radiations from Radioactive substances,* Cambridge University Press, 1930.)

C'est la première transmutation provoquée, la première *réaction nucléaire,* le début de la physique nucléaire. En 1924, son collaborateur Patrick M. S. Blackett (1897-1974), prix Nobel de physique 1948, montrera, sur des clichés de chambre à brouillard, que la réaction sur l'azote produit de l'oxygène :

$$\text{azote } 14 + \text{alpha} \rightarrow \text{oxygène } 17 + \text{proton.}$$

À la fin de 1919, Rutherford reçoit la direction du laboratoire Cavendish à Cambridge, prenant la suite de celui qui avait été son maître, J.J. Thomson. À Cambridge il accueille notamment le jeune physicien soviétique Piotr L. Kapitsa (1894-1984), également futur prix Nobel (1978), qu'il aidera à obtenir son propre laboratoire de physique des très basses températures. Deux autres jeunes physiciens, Edward V. Appleton et Cecil F. Powell, qui recevront aussi le prix Nobel pour leurs découvertes ultérieures, font leurs premières recherches dans le laboratoire de Rutherford.

Rutherford s'intéresse très tôt à la réalisation d'accélérateurs de particules : il doit être possible ainsi de disposer de faisceaux de particules plus intenses que ceux des sources radioactives, bien définis en direction et sans doute aussi d'énergies plus élevées. Il demande notamment au jeune physicien irlandais, Ernest T.S. Walton (1903-1995), d'étudier des dispositifs à cette fin. En janvier 1929, le physicien d'origine russe George Gamow (1904-1968) vient à Cambridge pour exposer sa théorie de la radioactivité alpha qu'il avait élaboré à Göttingen à l'aide de la toute nouvelle mécanique quantique. Selon cette théorie les particules alpha ont une certaine probabilité de sortir du noyau en traversant la « barrière de potentiel » qui l'entoure par *effet tunnel*[12]. Le physicien John D. Cockcroft (1897-1967) assiste à la conférence de Gamow et se rend compte immédiatement que l'on peut appliquer la théorie dans l'autre sens, et prévoir

12. Il s'agit du premier résultat de mécanique quantique effectivement utilisé en physique nucléaire : on considère que c'est à ce moment-là que ces deux disciplines effectuent une « jonction ».

ainsi qu'une particule accélérée venant de l'extérieur peut pénétrer dans le noyau plus facilement qu'on ne l'avait imaginé. Il va aussitôt voir Rutherford qui le charge de construire avec Walton le petit accélérateur haute tension nécessaire. On envisage de produire des protons de 700 kilovolts ; le faisceau est vertical et tombe sur une cible très mince de lithium. Une fois à 400 kilovolts, Watson va voir – à travers un petit microscope – l'écran à scintillations placé sous l'installation. Il observe les premières scintillations ; avec Cockcroft ils appellent Rutherford qui vient voir à son tour. Celui-ci s'exclame : « *Ces scintillations ressemblent diablement à celles d'une particule alpha, et je devrais être capable de reconnaître une scintillation de particule alpha quand j'en vois une : j'étais là, lors de la naissance de la particule alpha et depuis lors je n'ai cessé d'en observer.* » Les deux jeunes physiciens observent alors les deux alpha émis en coïncidence dos à dos dans la réaction : proton + lithium 7 → alpha + alpha. C'est la première réaction nucléaire provoquée par des particules accélérées artificiellement. Elle vaudra à Cockcroft et Walton le prix Nobel de physique de 1951.

Au début de 1932, partant d'observations faites un mois plus tôt à l'Institut du Radium de Paris par Frédéric et Irène Joliot-Curie, et s'appuyant sur une suggestion faite douze ans plus tôt par Rutherford, James Chadwick, dont nous avons parlé plus haut, découvre le *neutron,* qui est avec le proton un des constituants du noyau de l'atome (comme le montrera peu après le physicien allemand Werner Heisenberg). Chadwick recevra le prix Nobel de physique de 1935.

Rutherford avait été fait Lord en 1931. Il mourut à la suite d'une intervention chirurgicale en octobre 1937. Ce grand savant a marqué de son empreinte un nombre important de scientifiques à travers le monde, apportant constamment des idées nouvelles à ses collaborateurs ; son sens de l'observation et son intuition étaient incomparables.

La découverte de la radioactivité artificielle

PIERRE RADVANYI

Frédéric Joliot naît à Paris le 19 mars 1900. Son frère aîné est tué dès les premiers jours de la guerre de 1914-1918. Frédéric entre à l'École de physique et chimie industrielles de la ville de Paris et en sort major en physique. En décembre 1924, le directeur des études, Paul Langevin, le présente à Marie Curie qui en fait son préparateur particulier à l'Institut du Radium, créé pour elle en 1909 par l'Université de Paris et l'Institut Pasteur. Marie Curie charge sa fille, Irène, alors son assistante, de piloter le jeune homme.

Frédéric et Irène se marient en 1926. Quelque temps après, ils décident d'entreprendre des expériences en commun ; Irène continuera à signer leurs publications de son nom de jeune fille. Ils préparent des sources très intenses de polonium sur de très petites surfaces, grâce aux stocks de Radium D [1] accumulés par Marie Curie : les particules alpha [2] émises par le polonium radioactif leur servent de projectiles pour explorer les noyaux.

L'héritage de Marie et Pierre Curie

Bien naturellement Irène et Frédéric, dans leurs discours Nobel respectifs, rendront hommage à Pierre et Marie Curie, les parents d'Irène. C'est notamment grâce à Marie Curie qu'ils disposaient de sources importantes de corps radioactifs comme le polonium, issu

1. Les éléments de la famille radioactive du radium n'étaient encore pas tous identifiés, aussi portaient-ils ce type de noms (le Radium D est un isotope du plomb).

2. Les particules alpha ${}^4_2He$ sont des noyaux d'hélium (sans électrons), composés de deux protons et de deux neutrons. Frédéric Joliot les appelle « hélions » dans son texte.

du radium D, provenant d'ampoules ayant contenu du radon à usage médical, que Marie Curie avait soigneusement conservées à l'Institut du Radium.

Frédéric Joliot en particulier rendra un hommage émouvant à Marie Curie (elle était disparue en juillet 1934, mais avait eu le temps encore d'assister, en janvier de cette année, à la découverte de la radioactivité artificielle par sa fille et son gendre) :

> *Ce fut certainement une grande satisfaction pour notre regrettée maître Marie Curie d'avoir vu ainsi se prolonger cette liste des radioéléments qu'elle avait eu, en compagnie de Pierre Curie, la gloire d'inaugurer.*

En 1930, avait été observé à Berlin un rayonnement très pénétrant lors du bombardement de noyaux légers par des particules alpha [3]. En janvier 1932, Frédéric et Irène mettent en évidence le fait que ce même rayonnement – qu'ils pensent constitué de rayons gamma – a la capacité d'éjecter des protons de substances hydrogénées (comme la paraffine ou la cellophane). Partant de leurs résultats, un mois plus tard, le Britannique James Chadwick montre qu'il s'agit en fait de « neutrons ». En 1934, le jeune couple découvre la radioactivité artificielle – évoquée un peu plus loin –, qui leur vaudra le prix Nobel de chimie.

Frédéric est nommé en 1937 professeur au Collège de France et devient directeur du laboratoire de chimie nucléaire de cet établissement, ainsi que du laboratoire de synthèse atomique d'Ivry de la Caisse nationale de la Recherche scientifique, ancêtre du CNRS. Irène, nommée en 1936 professeur à la Faculté des sciences de l'Université de Paris, devient pour quelques mois

3. Cette expérience avait été faite à Berlin-Charlottenburg par Walter Bothe et Herbert Beker, par bombardement de béryllium ou de bore par des particules α issues d'une source de polonium. À l'époque (de 1920 à 1932, avant la découverte du neutron), on pensait que les noyaux étaient constitués de protons, de particules α et d'électrons. Heisenberg rapportait au congrès Solvay de 1933 que « la découverte du neutron par Curie et Joliot et par Chadwick montre de manière certaine que ces neutrons peuvent figurer comme constituants indépendants du noyau à côté des protons et des particules α ».

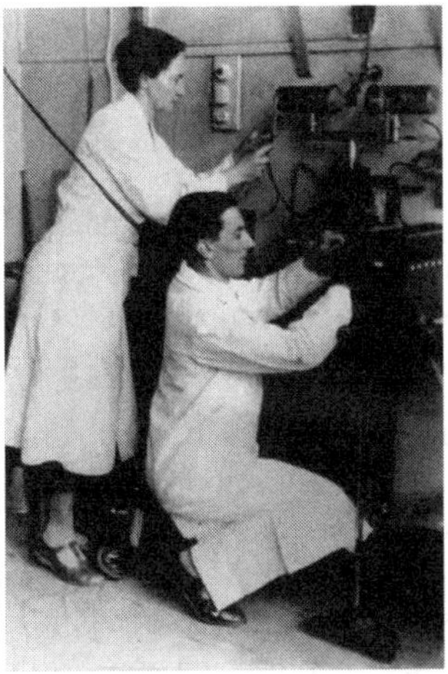

Fig. 1. Frédéric et Irène Joliot-Curie dans leur laboratoire de l'Institut du Radium en 1934. (*Photographie droits réservés Association Curie-Joliot Curie ACJC.*)

le premier Sous-secrétaire d'État à la recherche scientifique dans le gouvernement de Léon Blum.

En décembre 1938, Otto Hahn et Fritz Strassmann découvrent la fission de l'uranium sous l'action des neutrons, dont Lise Meitner et Otto Frisch donneront l'explication physique. Frédéric Joliot se lance aussitôt dans l'étude de ce nouveau phénomène : il confirme sa réalité grâce à l'énergie énorme libérée, puis avec ses collaborateurs, Hans Halban et Lew Kowarski, étudie la possibilité d'une réaction en chaîne. Une remarquable série d'expériences est menée à bien et des calculs d'un « dispositif producteur d'énergie » sont faits avec l'aide de Francis Perrin. Des demandes de brevets sont déposées au début de mai 1939 ; Frédéric prend contact avec l'Union minière du Haut-Katanga – qui mettra 8 tonnes d'oxyde d'uranium à sa disposition –, afin de réaliser une première pile atomique et obtenir de l'énergie pour une utilisation industrielle. En septembre 1939, la guerre vient perturber ce programme, mais les travaux se poursuivent.

L'équipe montre que le dispositif doit être hétérogène, l'uranium baignant dans un modérateur qui devrait être de l'eau lourde, et qu'un enrichissement en uranium 235 serait favorable ; le savant danois Niels Bohr avait montré au début de 1939 que c'est l'isotope rare de l'uranium, l'uranium 235, qui subit la fission par neutrons lents. Un commando spécial français réussit à emporter l'eau lourde de la Norvège occupée par les Allemands.

Cependant, en mai-juin 1940, l'invasion allemande de la France oblige au repli sur Clermont-Ferrand, puis sur Bordeaux : Halban et Kowarski sont envoyés avec l'eau lourde en Angleterre, l'uranium sera caché au Maroc. Joliot décide de rester en France. Il trouve son laboratoire occupé par les Allemands, mais placé sous l'autorité d'un physicien ami, Wolfgang Gentner, qui avait travaillé deux ans à l'Institut du Radium du vivant encore de Marie Curie, et avait assisté directement à la découverte de la radioactivité artificielle ; antinazi, Gentner protègera efficacement Frédéric. Celui-ci s'engage activement dans la Résistance et adhèrera au parti communiste.

À la Libération, Joliot est nommé directeur général du CNRS. Le général de Gaulle crée le Commissariat à l'énergie atomique, dont Frédéric Joliot devient le premier Haut Commissaire en 1945. La première pile atomique (réacteur nucléaire) française, Zoé, entre en fonctionnement en décembre 1948. Cependant le savant milite activement dans le Mouvement international de la paix et lance en mars 1950, le fameux « appel de Stockholm » pour l'interdiction de l'arme atomique. Un mois plus tard, en pleine « guerre froide », ses prises de position politiques lui vaudront d'être révoqué de ses fonctions de Haut Commissaire. En 1956, Irène Joliot-Curie meurt soudainement, après avoir établi les plans d'un nouveau laboratoire à Orsay. Frédéric prend sa suite ; il organise le nouvel institut, doté d'un synchrocyclotron. Mais il meurt prématurément à son tour en août 1958. Le général de Gaulle décrète des obsèques nationales.

Fig. 2. Frédéric Joliot en 1947 dans son bureau du CEA. (*Photographie droits réservés Association Curie-Joliot Curie ACJC.*)

Revenons en 1934. En janvier de cette année, Frédéric et Irène Joliot-Curie découvrent que l'émission de positons (on appela ainsi les électrons positifs, par analogie avec « électrons ») qu'ils observent lors du bombardement d'une feuille d'aluminium par les particules alpha du polonium est non pas instantanée, mais décroît exponentiellement en quelques minutes. Ils viennent de découvrir la « radioactivité artificielle » : ils ont formé dans l'aluminium un phosphore radioactif, inconnu jusqu'alors, isotope du phosphore stable [4]. Ils mettent ensuite en évidence deux autres radioéléments artificiels. Quinze jours plus tard, des séparations chimiques, menées dans des temps très brefs, leur permettent de confirmer cette interprétation. C'est

4. La réaction est donnée par F. Joliot dans son texte ${}^{27}_{13}\mathrm{Al}+{}^{4}_{2}\mathrm{He} \rightarrow {}^{30}_{15}\mathrm{P}+{}^{1}_{0}\mathrm{n}$; à partir de l'aluminium, on obtient un isotope inconnu du phosphore (l'isotope a 15 neutrons et non 16). Cet isotope étant radioactif et de courte période, il n'en existe pas dans la nature car il a disparu depuis longtemps.

là une généralisation remarquable du phénomène de radioactivité qui aura rapidement des suites importantes. La découverte vaudra au couple de jeunes savants le prix Nobel de chimie de 1935.

L'électron positif ou « positon »

L'électron positif, appelé aussi positon, fut découvert en 1932 dans le rayonnement cosmique par le physicien américain Carl D. Anderson (1905-1991, prix Nobel de physique 1936). Il fut immédiatement considéré comme « l'antiparticule » de l'électron, prédite par le physicien théoricien anglais P.A.M. Dirac. L'absorption dans la matière d'un rayonnement gamma de plus de 1,02 MeV peut donner naissance, par « matérialisation », à une paire électron-positon. Inversement un positon, en fin de parcours, et un électron, en se rencontrant, « s'annihilent », l'énergie correspondant à leurs masses apparaissant sous forme de deux photons, de 0,51 MeV chacun, émis dos à dos, ce qui fut vérifié expérimentalement par F. Joliot en 1933. Deux des nouveaux radioéléments découverts par F. et I. Joliot-Curie en 1934 décroissent par émission de positons (première observation de la radioactivité β^+)[5].

Des confirmations arrivent rapidement des laboratoires étrangers qui emploient des deutons ou des protons comme projectiles : de Berkeley, en Californie, où Ernest Lawrence et ses collaborateurs se rendent compte que plusieurs pièces de leur cyclotron sont devenues radioactives à leur insu, de Cambridge, en Angleterre, où John Cockcroft et ses collègues produisent du radioazote à partir du carbone, à l'aide de leur propre accélérateur.

5. Pour reprendre la réaction de F. Joliot en note 4, l'isotope radioactif du phosphore va se transmuter par une réaction de radioactivité β^+ (émission d'un positon), que les Joliot mentionnent dans leur note de janvier 1934 à l'Académie des sciences : « *L'isotope* ${}^{30}_{15}P$ *du phosphore serait radioactif avec une période de 3 mn 15 s et émettrait des électrons positifs suivant la réaction* ${}^{30}_{15}P \rightarrow {}^{30}_{14}Si + e^+$ ». Ainsi, ce sont deux phénomènes nouveaux que les Joliot découvrent simultanément : la radioactivité provoquée de manière artificielle, celle de l'isotope du phosphore, et la réaction de radioactivité par émission d'un positon (qui sera appelée radioactivité β^+).

La production de nouveaux radioéléments par des particules chargées était à l'époque restreinte aux éléments légers, tels que le bore ou l'aluminium. À Rome, Enrico Fermi a l'idée d'utiliser des neutrons qui, n'étant pas chargés, peuvent pénétrer dans les noyaux les plus lourds. Avec son équipe, il irradie ainsi tous les éléments qu'il peut se procurer. Il obtient aussitôt des résultats positifs. Dès le mois de juin 1934, Fermi peut annoncer la découverte de radioactivités nouvelles dans 47 éléments sur les 68 étudiés jusque-là. L'équipe de Rome observe plusieurs nouvelles radioactivités en bombardant le plus lourd des éléments, l'uranium, avec des neutrons ; elle pense qu'elle a formé des éléments « transuraniens » qui n'existent pas sur Terre. Des éléments au-delà de l'uranium ? Ces études seront reprises à Berlin par Lise Meitner[6] et Otto Hahn, puis par Irène Joliot-Curie et Paul Savitch à Paris.

Georg de Hevesy (1885-1966, prix Nobel de chimie 1943), chimiste suédois d'origine hongroise, avait montré en 1913 que le radium D était un isotope radioactif du plomb (plomb 210, émetteur bêta, de période 22 ans, situé dans la famille radioactive du radium). Il imagina alors que l'on pouvait suivre le plomb à la trace grâce à son isotope radioactif, qui fut appelé traceur ou indicateur. Le plomb toutefois, n'étant pas un élément constitutif des organismes vivants, n'avait pas d'applications biologiques. Mais, en septembre 1935, à Copenhague, Hevesy et son collègue Otto Chiewitz utilisent, pour la première fois, un radioélément artificiel, le phosphore 32, comme indicateur radioactif pour l'étude, chez le rat, du métabolisme du phosphore.

Traceurs radioactifs en biologie et médecine

Un peu d'isotope radioactif (appelé traceur ou indicateur) est ajouté aux isotopes stables d'un élément. L'isotope radioactif se comportera, chimiquement et biologiquement, comme les isotopes stables. Il peut être inclus dans une molécule organique (molécule

6. En 1938, « l'Anschluss » de l'Autriche contraindra Lise Meitner, d'origine juive, à l'émigration.

marquée). Il est possible alors, grâce à son rayonnement, d'étudier dans un corps vivant le métabolisme (fixation, élimination ...) de l'élément considéré. En médecine, les traceurs sont utilisés pour le diagnostic. Ainsi, par exemple, l'iode 123 (période 13 heures) et surtout l'iode 131 (période 8 jours) dans la thyroïde, le technétium 99m dans le poumon. On a également inventé la « tomographie par émission de positons » (TEP) qui rend de grands services. On introduit ainsi dans l'organisme de l'eau marquée à l'oxygène 15 (période de 2 minutes seulement) ; l'oxygène 15 est émetteur de positons ; ceux-ci vont, comment nous l'avons dit, s'annihiler en fin de parcours avec des électrons et donner chaque fois deux rayons gamma émis dos à dos, qui seront détectés en coïncidence par les détecteurs d'une « caméra à positons ».

Il convient de distinguer les périodes physiques (telles que celles indiquées ci-dessus) des périodes biologiques (tenant compte de l'élimination naturelle des substances).

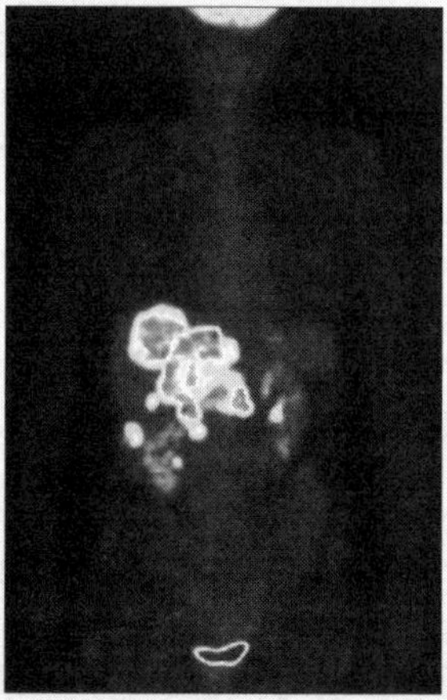

Fig. 3. *Tomographie par émission de positons.* Un élément radioactif artificiel, le Fluor 18 (un neutron de moins que le Fluor 19 classique) est incorporé à une solution de glucose. Les cellules cancéreuses, à forte activité, ont besoin d'énergie sous forme de glucose et fixent la solution. Les positons émis par radioactivité β^+ par le fluor vont s'annihiler avec des électrons et émettre des photons γ, visibles sur le cliché, et permettant de localiser les cellules cancéreuses.

La cérémonie de remise des Prix Nobel de 1935 a lieu le 12 décembre à Stockholm. Frédéric et Irène ont connaissance des travaux menés à l'étranger à la suite de leur découverte. Ils décident de faire deux conférences : Irène, souvent considérée comme la chimiste de l'équipe, présentera la physique, tandis que Frédéric, considéré comme le physicien, présentera la chimie !

Fig. 4. Frédéric et Irène Joliot-Curie lors de la cérémonie de remise des prix Nobel, à Stockholm, le 12 décembre 1935. *(Photographie droits réservés Association Curie-Joliot Curie ACJC.)*

Frédéric Joliot divise en fait son exposé en deux parties [7]. La première est consacrée à la description des expériences de chimie qui ont permis au couple de chercheurs de séparer et d'identifier les nouveaux éléments radioactifs. Joliot insiste sur la difficulté qu'il y a à caractériser ces éléments, compte tenu des faibles masses en jeu :

> *Si nous pouvons écrire avec certitude la réaction nucléaire correspondant à la plupart des transmutations spontanées, il n'en est pas de même pour les transmutations provoquées. Le rendement de ces transmutations est très faible et les masses d'éléments formés en utilisant les sources de*

7. La conférence de Frédéric Joliot est reproduite p. 241-245.

projectiles les plus intenses que nous savons produire actuellement sont inférieures à 10^{-15} *gr, représentées au plus par quelques millions d'atomes.*

Parmi ces nouveaux éléments, figure le phosphore radioactif formé dans l'aluminium, pour lequel Joliot donne la réaction de production :

Dans le cas, par exemple, où l'aluminium irradié par les rayons alpha émet des neutrons, la règle précédente permet d'écrire la réaction de transmutation suivante :

$$^{27}_{13}\mathrm{Al} + ^{4}_{2}\mathrm{He} \rightarrow ^{30}_{15}\mathrm{P} + ^{1}_{0}\mathrm{n}$$

L'atome formé étant radioactif, nous pouvons vérifier qu'il possède les propriétés chimiques du phosphore.

La radioactivité du phosphore 30 donne lieu à l'émission d'électrons positifs, aisément détectés à travers la paroi mince du tube de verre, à condition de procéder rapidement. On avait là aussi la première observation d'une radioactivité β. Cette radioactivité peut s'écrire :

$$^{30}\mathrm{P} \rightarrow ^{30}\mathrm{Si} + e^{+} + \nu$$

où ^{30}Si est un noyau stable et ν représente un neutrino.

Dans la seconde partie de sa conférence, Frédéric explique comment « ces expériences furent reprises et développées dans plusieurs pays, ... à l'aide des projectiles protons et deutons, » fournis par des installations de très hautes tensions, ainsi qu'avec des neutrons. Il ajoute :

Actuellement, on sait faire la synthèse ... de plus de cinquante nouveaux radioéléments, nombre déjà supérieur à celui des radioéléments naturels que l'on trouve dans l'écorce terrestre.

Mais, malgré les efforts déjà en cours, de nouveaux accélérateurs de particules sont absolument nécessaires :

La diversité des natures chimiques, la diversité des vies moyennes de ces radioéléments synthétiques permettront sans doute des recherches nouvelles en biologie et en physicochimie. Pour mener à bien ces travaux, il sera nécessaire de disposer de quantités relativement importantes de ces radioéléments. C'est en employant des projectiles accélérés artificiellement que l'on atteindra ce but. [...] *Jusqu'alors, seuls des éléments à vie relativement brève, s'étendant de la fraction de seconde à quelques mois, ont pu être obtenus. Pour créer une quantité appréciable d'un élément*[7] *à vie beaucoup plus longue, il faudrait disposer d'une source de projectiles prodigieusement intense. N'y a-t-il aucun espoir de réaliser ce nouveau rêve ?*

À la panoplie d'accélérateurs de particules – permettant notamment de produire des corps radioactifs en quantités appréciables – s'ajouteront, quelques années plus tard, les réacteurs nucléaires (piles atomiques) fournissant de grandes quantités de neutrons, capables eux aussi de produire en abondance certains radioéléments.

Le savant développe alors de manière flamboyante, audacieuse, et en partie prémonitoire, sa vision des différentes applications possibles de la radioactivité artificielle. Les quantités nécessaires de radioéléments dépendent des applications envisagées. Tout d'abord la biologie et la médecine :

La méthode des indicateurs radioactifs jusqu'alors réservée aux éléments de masse atomique élevée peut être généralisée à un très grand nombre d'éléments distribués dans toute l'étendue de la classification périodique. En biologie, par exemple, la méthode des indicateurs, employant des radioéléments synthétiques, permettra d'étudier plus facilement le problème de la localisation et de l'élimination d'éléments divers introduits dans les organismes vivants. Dans ce cas, la radioactivité sert uniquement à déterminer la présence

7. F. Joliot désigne les isotopes radioactifs par *radioéléments* et parfois simplement par *éléments.*

d'un élément dans telle ou telle région de l'organisme. Il n'est pas utile dans ces recherches d'introduire des quantités importantes de l'élément radioactif. [...] *Aux endroits, que l'on apprendra à mieux connaître, où les radioéléments seront localisés, le rayonnement qu'ils émettent produira son action sur les cellules voisines. Pour ce deuxième mode d'emploi, il sera nécessaire d'utiliser des quantités importantes de radioéléments. Ceci trouvera probablement une application pratique en médecine.*

Le premier mode d'emploi indiqué dans cette citation correspond aux études biologiques et aux utilisations diagnostiques en médecine ; le deuxième mode d'emploi correspond aux traitements médicaux (curiethérapie). Les applications en biologie et en médecine seront en effet nombreuses et conduiront à des résultats fondamentaux.

Frédéric Joliot se tourne ensuite vers l'astrophysique. La matière aussi a une histoire :

De l'ensemble des faits envisagés, nous comprenons que les quelques centaines d'atomes d'espèces différentes qui constituent notre planète ne doivent pas être considérés comme ayant été créés une fois pour toutes et éternels. Nous les observons parce qu'ils ont survécu. D'autres moins stables ont disparu. Ce sont probablement quelques-uns de ces atomes disparus qui sont régénérés dans les laboratoires.

Le savant a l'intuition de la possibilité de réactions en chaîne, susceptibles de produire de l'énergie à grande échelle. La phrase suivante de sa conférence est donc souvent citée :

Si, tournés vers le passé, nous jetons un regard sur les progrès accomplis par la science à une allure toujours croissante, nous sommes en droit de penser que les chercheurs construisant ou brisant les éléments à volonté sauront réaliser des transmutations à caractère explosif, véritables réactions chimiques à chaînes.

Comme nous l'avons indiqué plus haut, une telle réaction en chaîne ne sera effectivement réalisée et mise en évidence qu'en 1939. F. Joliot termine son exposé en se tournant à nouveau vers l'astrophysique :

> *Les astronomes observent parfois qu'une étoile d'éclat médiocre augmente brusquement de grandeur, une étoile invisible à l'œil nu peut devenir très brillante et visible sans instrument, c'est l'apparition d'une Nova. Ce brusque embrasement de l'étoile est peut-être provoqué par ces transmutations à caractère explosif*[8]*, processus que les chercheurs s'efforceront sans doute de réaliser, en prenant, nous l'espérons, les précautions nécessaires.*

Le lecteur verra là une évocation des réactions de fusion thermonucléaires, que l'on commençait alors à envisager, mais dont la nature ne sera précisée et étudiée qu'un peu plus tard. La mise en œuvre de certaines de ces réactions est actuellement à la base d'un grand projet international de production d'énergie (projet ITER).

---

8. Frédéric Joliot avait là, avant même la consolidation de l'hypothèse que les étoiles se forment par réactions nucléaires avec libération d'énergie, une vision prémonitoire de la naissance explosive des supernovae.

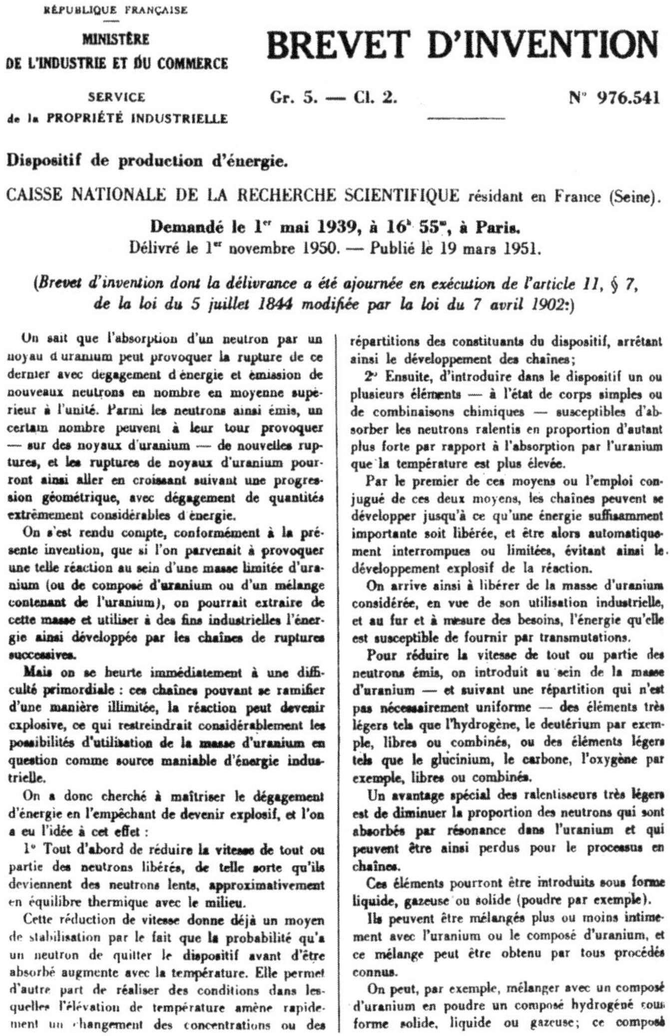

RÉPUBLIQUE FRANÇAISE

MINISTÈRE
DE L'INDUSTRIE ET DU COMMERCE

SERVICE
de la PROPRIÉTÉ INDUSTRIELLE

BREVET D'INVENTION

Gr. 5. — Cl. 2. N° 976.541

Dispositif de production d'énergie.

CAISSE NATIONALE DE LA RECHERCHE SCIENTIFIQUE résidant en France (Seine).

Demandé le 1er mai 1939, à 16h 55m, à Paris.
Délivré le 1er novembre 1950. — Publié le 19 mars 1951.

(Brevet d'invention dont la délivrance a été ajournée en exécution de l'article 11, § 7, de la loi du 5 juillet 1844 modifiée par la loi du 7 avril 1902.)

On sait que l'absorption d'un neutron par un noyau d'uranium peut provoquer la rupture de ce dernier avec dégagement d'énergie et émission de nouveaux neutrons en nombre en moyenne supérieur à l'unité. Parmi les neutrons ainsi émis, un certain nombre peuvent à leur tour provoquer — sur des noyaux d'uranium — de nouvelles ruptures, et les ruptures de noyaux d'uranium pourront ainsi aller en croissant suivant une progression géométrique, avec dégagement de quantités extrêmement considérables d'énergie.

On s'est rendu compte, conformément à la présente invention, que si l'on parvenait à provoquer une telle réaction au sein d'une masse limitée d'uranium (ou de composé d'uranium ou d'un mélange contenant de l'uranium), on pourrait extraire de cette masse et utiliser à des fins industrielles l'énergie ainsi développée par les chaînes de ruptures successives.

Mais on se heurte immédiatement à une difficulté primordiale : ces chaînes pouvant se ramifier d'une manière illimitée, la réaction peut devenir explosive, ce qui restreindrait considérablement les possibilités d'utilisation de la masse d'uranium en question comme source maniable d'énergie industrielle.

On a donc cherché à maîtriser le dégagement d'énergie en l'empêchant de devenir explosif, et l'on a eu l'idée à cet effet :

1° Tout d'abord de réduire la vitesse de tout ou partie des neutrons libérés, de telle sorte qu'ils deviennent des neutrons lents, approximativement en équilibre thermique avec le milieu.

Cette réduction de vitesse donne déjà un moyen de stabilisation par le fait que la probabilité qu'a un neutron de quitter le dispositif avant d'être absorbé augmente avec la température. Elle permet d'autre part de réaliser des conditions dans lesquelles l'élévation de température amène rapidement un changement des concentrations ou des répartitions des constituants du dispositif, arrêtant ainsi le développement des chaînes;

2° Ensuite, d'introduire dans le dispositif un ou plusieurs éléments — à l'état de corps simples ou de combinaisons chimiques — susceptibles d'absorber les neutrons ralentis en proportion d'autant plus forte par rapport à l'absorption par l'uranium que la température est plus élevée.

Par le premier de ces moyens ou l'emploi conjugué de ces deux moyens, les chaînes peuvent se développer jusqu'à ce qu'une énergie suffisamment importante soit libérée, et être alors automatiquement interrompues ou limitées, évitant ainsi le développement explosif de la réaction.

On arrive ainsi à libérer de la masse d'uranium considérée, en vue de son utilisation industrielle, et au fur et à mesure des besoins, l'énergie qu'elle est susceptible de fournir par transmutations.

Pour réduire la vitesse de tout ou partie des neutrons émis, on introduit au sein de la masse d'uranium — et suivant une répartition qui n'est pas nécessairement uniforme — des éléments très légers tels que l'hydrogène, le deutérium par exemple, libres ou combinés, ou des éléments légers tels que le glucinium, le carbone, l'oxygène par exemple, libres ou combinés.

Un avantage spécial des ralentisseurs très légers est de diminuer la proportion des neutrons qui sont absorbés par résonance dans l'uranium et qui peuvent être ainsi perdus pour le processus en chaînes.

Ces éléments pourront être introduits sous forme liquide, gazeuse ou solide (poudre par exemple).

Ils peuvent être mélangés plus ou moins intimement avec l'uranium ou le composé d'uranium, et ce mélange peut être obtenu par tous procédés connus.

On peut, par exemple, mélanger avec un composé d'uranium en poudre un composé hydrogéné sous forme solide, liquide ou gazeuse; ce composé

Fig. 5. Première page du brevet d'invention d'un « Dispositif de production d'énergie » demandé par F. Joliot et son équipe le 1er mai 1939.

Quelques-uns des textes d'origine

Extrait du Journal des Sçavans du 16 décembre 1676

Olaüs Rømer : Démonstration touchant le mouvement de la lumière

DEMONSTRATION TOUCHANT LE mouvement de la lumiere trouvé par M. Römer de l'Academie Royale des Sciences.

IL y a long-temps que les Philoſophes ſont en peine de decider par quelque experience, ſi l'action de la lumiere ſe porte dans un inſtant à quelque diſtance que ce ſoit, ou ſi elle demande du temps. Mr Römer de l'Academie Royale des Sciences s'eſt aviſé d'un moyen tiré des obſervations du premier ſatellite de Jupiter, par lequel il démontre que pour une diſtance d'environ 3000 lieuës, telle qu'eſt à peu prés la grandeur du diametre de la terre, la lumiere n'a pas beſoin d'u-

1676. Nnn

ne ſeconde de temps.

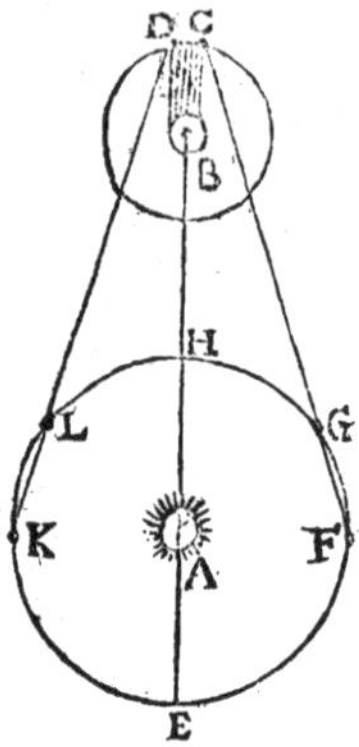

Soit A le Soleil, B Jupiter, C le premier Satellite qui entre dans l'ombre de Jupiter pour en ſortir en D, & ſoit E F G H K L la Terre placée à diverſes diſtances de Jupiter.

Or ſuppoſé que la terre eſtant en L vers la ſeconde Quadrature de Jupiter, ait veu le premier Satellite, lors de ſon émerſion ou ſortie de l'ombre en D; & qu'en ſuite environ 42. heures & demie aprés, ſçavoir aprés une revolution de ce Satellite, la terre ſe trouvant en K, le voye de retour en D: Il eſt manifeſte que ſi la lumiere demande du temps pour traverſer l'intervalle L K, le Satellite ſera veu plus tard de retour en D, qu'il n'auroit eſté ſi la terre eſtoit demeurée en K, de ſorte que la revolution de ce Satellite, ainſi obſervée par les Emerſions, ſera retardée d'autant de temps que la lumiere en aura employé à paſſer de L en K, & qu'au contraire dans l'autre Quadrature FG, où la terre en s'approchant, va au devant de la lumiere, les revolutions des Immerſions paroiſtront autant accourcies, que celles des Emerſions avoient paru alongées. Et parce qu'en 42 heures & demy, que le Satellite employe à peu prés à faire chaque revolution, la diſtance entre la Terre & Iupiter dans l'un & l'autre Quadrature varie tout au moins de 210. diametres de la

Terre, il s'ensuit que si pour la valeur de chaque diametre de la Terre, il faloit une seconde de temps, la lumiere employeroit 3½ min. pour chacũ des intervalles GF, KL, ce qui causeroit une differẽce de prés d'un demy quart d'heure entre deux revolutions du premier Satellite, dont l'une auroit esté observée en FG, & l'autre en KL, au lieu qu'on n'y remarque aucune difference sensible.

Il ne s'ensuit pas pourtant que la lumiere ne demande aucun temps : car apres avoir examiné la chose de plus prés, il a trouvé que ce qui n'étoit pas sensible en deux revolutions, devenoit tres-considerable à l'égard de plusieurs prises ensemble, & que par exemple 40 revolutions observées du costé F, estoient sensiblement plus courtes, que 40. autres observées de l'autre côté en quelque endroit du Zodiaque que Iupiter se soit rencontré; & ce à raison de 22. pour tout l'intervalle H E, qui est le double de celuy qu'il y a d'icy au soleil.

La necessité de cette nouvelle Equation du retardement de la lumiere, est établie par toutes les observations qui ont esté faites à l'Academie Royale, & à l'Observatoire depuis 8. ans, & nouvellement elle a esté confirmée par l'Emersion du premier Satellite observée à Paris le 9. Novembre dernier à 5 h. 35.' 45." du soir, 10. minutes plus tard qu'on ne l'eût deû attendre, en la déduisant de celles qui avoient esté observées au mois d'Aoust, lors que la terre estoit beaucoup plus proche de Iupiter; ce que Mr Römer avoit predit à l'Academie dés le commencement de Septembre.

Mais pour oſter tout lieu de douter que cette inégalité ſoit cauſée par le retardement de la lumiere, il demontre qu'elle ne peut venir d'aucune excentricité, ou autre cauſe de celles qu'on apporte ordinairement, pour expliquer les irregularitez de la Lune & des autres Planetes : bien que neanmoins il ſe ſoit aperceu que le premier Satellite de Iupiter eſtoit excentrique, & que dailleurs ſes revolutions eſtoient avancées ou retardées à meſure que Iupiter s'aprochoit ou s'éloignoit du ſoleil, & même que les revolutions du premier Mobile eſtoient inégales; ſans toutesfois que ces trois dernieres cauſes d'inégalité empêchent que la premiere ne ſoit manifeſte.

MÉMOIRE

SUR

UN NOUVEAU SYSTÈME D'ÉCLAIRAGE DES PHARES.

Il existe, depuis plusieurs années, une commission des phares, dont les membres ont été choisis parmi les savans les plus distingués et les inspecteurs du corps royal des ponts et chaussées. Chargés de présenter un projet général de la distribution des phares sur les côtes de France, ils avaient dû chercher d'abord si le système d'éclairage adopté n'était pas susceptible de quelques perfectionnemens ; ils avaient déjà fait plusieurs observations intéressantes sur la vivacité de la lumière que produisent de petites mèches placées dans les grands réflecteurs de M. *Lenoir :* mais les fonctions que la plupart d'entre eux ont à remplir ne leur permettant pas de donner à ces recherches le temps qu'elles exigeaient, en 1819 M. *Arago* leur offrit de se charger des expériences, en demandant que M. *Mathieu* et moi lui fussions adjoints. Cette proposition, adoptée par la commission, fut soumise à M. *Becquey,* directeur général des ponts et chaussées et des mines, qui l'approuva également, et me recommanda d'apporter tous mes soins à ces recherches. Le desir de justifier sa confiance et celle de la commission des phares, contribua, autant que l'importance même de l'objet, à diriger toutes mes pensées de ce côté.

A

Je songeai, dès le commencement, à substituer de grandes lentilles de verre aux réflecteurs paraboliques. On sait qu'une lentille, comme un miroir parabolique, a la propriété de rendre parallèles les rayons partis de son foyer; elle produit par réfraction l'effet que le miroir parabolique produit par réflexion. Cette application des lentilles à l'éclairage des phares ne pouvait être une idée nouvelle, car elle vient trop aisément à la pensée, et il existe, en effet, un phare lenticulaire en Angleterre; mais il paraît qu'il a peu d'éclat, ce qui tient probablement à la grande épaisseur des lentilles employées, qui est de $0^{m},20$, et peut-être aussi à la disposition générale de l'appareil, sur laquelle je n'ai pas de renseignemens précis.

Si l'épaisseur des lentilles n'excédait pas l'épaisseur ordinaire des glaces, la lumière absorbée par le verre ne serait qu'une très-petite partie de celle qui le traverse : la perte résultant de la réflexion partielle des rayons aux deux surfaces n'est que d'un vingtième, d'après les expériences de *Bouguer;* et en la supposant même d'un douzième, on voit combien peu la lumière serait affaiblie par son passage au travers de ces lentilles, et quels avantages elles auraient à cet égard sur les meilleurs réflecteurs métalliques, qui absorbent la moitié de la lumière sous des incidences peu obliques, telles que celles de la majeure partie des rayons dans les miroirs paraboliques. C'est cette réflexion qui m'avait donné l'espoir d'apporter une économie notable dans l'emploi de la lumière, en substituant des lentilles aux miroirs paraboliques.

Des liquides bien transparens, tels que l'eau et l'esprit de vin, n'absorbent qu'une faible partie de la lumière qui les traverse, même sur une longueur de vingt à trente centimètres; et l'on aurait pu songer à appliquer aux phares les grandes lentilles que l'on fait avec deux verres bombés entre lesquels on introduit un liquide; mais outre que le poids énorme de ces lentilles aurait beaucoup fatigué le mécanisme qui fait tourner l'appareil dans les phares à éclipses, le séjour prolongé des liquides entre ces verres bombés auroit fini par les salir intérieurement, et il aurait été très-difficile de les nettoyer. Le mastic servant à luter leurs bords aurait pu d'ailleurs se dégrader en quelques points et donner passage au liquide. Il était donc beaucoup plus sûr de n'employer que des matières solides.

Il était nécessaire aussi, pour ne pas perdre une trop grande partie des rayons émis par la lumière placée au foyer, que chaque lentille embrassât tous ceux qui sont compris dans un angle de 45°, ce qui exige que l'angle prismatique du verre au bord de la lentille, ait 40°. On voit quelle épaisseur en résulterait au centre, si la lentille était terminée par une surface sphérique continue : cette grande épaisseur aurait le double inconvénient d'affaiblir beaucoup la lumière qui la traverserait, et de donner à la lentille un poids trop considérable.

Mais si l'on divise celle-ci en anneaux concentriques, et qu'on ôte à la petite lentille du centre et aux anneaux qui l'entourent toute la partie inutile de leur épaisseur, en leur en laissant seulement assez pour qu'ils puissent être solidement unis par leurs bords les plus minces, on conçoit qu'on peut également obtenir le parallélisme des rayons émergens partis du foyer, ou, ce qui revient au même, la réunion au foyer des rayons incidens parallèles à l'axe de la lentille, en donnant à la surface de chaque anneau la courbure et l'inclinaison convenables.

C'est *Buffon* qui a imaginé le premier les lentilles à échelons, pour augmenter la puissance des verres ardens en diminuant leur épaisseur; mais d'après ce qu'il dit sur ce sujet, il est évident qu'il proposait de les faire d'un seul morceau de verre, ce qui rend leur exécution presque impossible, sur-tout dans de grandes

A 2

dimensions, à cause de la difficulté d'user le verre et d'en doucir et polir la surface, lorsqu'elle présente de pareils ressauts. Voici comme il s'exprime :

« J'ai donc cherché les moyens de parer à cet inconvénient » (celui de la trop grande épaisseur), et j'ai trouvé une manière » simple et assez aisée de diminuer réellement les épaisseurs » des lentilles, autant qu'il me plaît, sans pour cela diminuer » sensiblement leur diamètre et sans alonger leur foyer.

» Ce moyen consiste à travailler ma pièce de verre par » échelons. Supposons, pour me faire mieux entendre, que je » veuille diminuer de 2 pouces l'épaisseur d'une lentille de verre » qui a 26 pouces de diamètre, 5 pieds de foyer et 3 pouces » d'épaisseur au centre; je divise l'arc de cette lentille en trois » parties, et je *rapproche concentriquement* chacune de ces portions » d'arc, en sorte qu'il ne reste qu'un pouce d'épaisseur au » centre; et je forme de chaque côté un échelon d'un demi- » pouce, pour rapprocher de même les parties correspondantes; » par ce moyen, en faisant un second échelon, j'arrive à l'ex- » trémité du diamètre, et j'ai une lentille à échelons, qui est » à-peu-près du même foyer, et qui a le même diamètre, et près » de deux fois moins d'épaisseur que la première, ce qui est un » très-grand avantage.

« *Si l'on vient à bout de fondre une pièce de verre de 4 pieds de* » *diamètre sur 2 pouces et 1/2 d'épaisseur*, et de la travailler par » échelons sur un foyer de 8 pieds, j'ai supputé qu'en laissant » même 1 pouce et 1/2 d'épaisseur au centre de cette lentille » et à la couronne intérieure des échelons, la chaleur de cette » lentille sera à celle de la lentille du Palais-Royal, comme » 28 sont à 6, sans compter l'effet de la différence des épais- » seurs, qui est très-considérable et qne je ne puis estimer » d'avance.

» Cette dernière espèce de miroir réfringent est tout ce qu'on » peut faire de plus parfait en ce genre ; et quand même nous » le réduirions à 3 pieds de diamètre sur 15 lignes d'épaisseur » au centre et 6 pieds de foyer, ce qui en rendra l'exécution » moins difficile, on aurait toujours un degré de chaleur quatre » fois au moins plus grand que celui des fortes lentilles que » l'on connaisse. J'ose dire que ce miroir à échelons serait un » des plus utiles instrumens de physique; *je l'ai imaginé il y a plus » de vingt-cinq ans*, et tous les savans auxquels j'en ai parlé desi» reraient qu'il fût exécuté. On en tirerait de grands avantages » pour l'avancement des sciences: et y adaptant un héliomètre, » on pourrait faire à son foyer toutes les opérations de la chimie » aussi commodément qu'on le fait au feu des fourneaux, &c. »

Cette citation prouve suffisamment que Buffon n'avait pas songé à composer les lentilles à échelons de plusieurs morceaux, puisqu'il fait dépendre leur construction de la fonte *d'une pièce de verre de 4 pieds de diamètre sur 2 pouces et 1/2 d'épaisseur*, qu'il suppose ensuite réduite à *3 pieds de diamètre sur 15 lignes d'épaisseur, pour rendre l'exécution plus facile*. Or, en faisant ces lentilles de plusieurs morceaux, il est aussi facile d'en construire une de 4 pieds de diamètre qu'une de 3, et même en leur donnant un foyer beaucoup plus court que ne le supposait *Buffon*. On conçoit aisément pourquoi, *vingt-cinq ans après* avoir inventé ces lentilles et malgré son vif desir d'en posséder une, le même savant qui avait créé ce beau miroir d'Archimède dont la construction était plus compliquée et plus dispendieuse, n'avait pu faire exécuter une lentille à échelons de trois pieds de diamètre; c'est qu'il n'avait pas pensé à la faire de plusieurs morceaux (1).

(1) M. *Charles* a entendu dire à *Rochon* qu'il avait vu une petite lentille à échelons de 12 à 15 pouces de diamètre et d'un seul morceau de verre, provenant du cabinet de *Buffon*.

Il n'avait pas fait attention non plus, à ce qu'il paraît, à un grand avantage que présente l'exécution séparée de la surface de chaque anneau, qui est de corriger presque entièrement l'aberration de sphéricité, quand les anneaux sont suffisamment multipliés, en déterminant par le calcul le centre et le rayon de courbure de chacun des arcs générateurs ; car après avoir conçu d'abord la lentille terminée par une même surface sphérique, il suppose qu'on déprime celle-ci par échelons, mais de manière que les nouvelles portions de surfaces sphériques soient *concentriques* à la première ; ce qui n'est point le véritable moyen de corriger l'aberration de sphéricité. Le calcul apprend que les arcs générateurs des anneaux, non-seulement ne doivent pas avoir le même centre, mais encore que ces différens centres ne sont pas situés sur l'axe de la lentille, et qu'ils s'en éloignent d'autant plus que les arcs auxquels ils appartiennent sont eux-mêmes plus éloignés du centre de la lentille ; en sorte que ces arcs, en tournant autour de l'axe, n'engendrent pas des portions de surfaces sphériques concentriques, mais des surfaces du genre de celles que les géomètres appellent *annulaires*.

On s'étonnera peut-être que j'insiste autant sur des réflexions si simples. Il était sans doute bien aisé de songer à composer les grandes lentilles de plusieurs morceaux, et de déduire des lois ordinaires de la réfraction la forme la plus convenable à donner à la surface de chaque anneau. Mais il était tout aussi facile d'imaginer les lentilles à échelons, comme je le sais par ma propre expérience ; car je ne connaissais pas ce que *Buffon* avait publié sur ce sujet, lorsque je proposai pour la première fois à la commission des phares la construction de pareilles lentilles ; c'est M. *Charles* qui m'avertit que cette invention n'était pas nouvelle, et qui me montra le chapitre du supplément à l'Histoire naturelle où il en est question. Ayant ainsi perdu une partie de ce que j'avais imaginé, on m'excusera d'apporter quelque soin à conserver le peu qui me reste, sur-tout quand c'est précisément ce qui rend l'invention exécutable en grand.

Il ne m'a pas fallu de longues réflexions pour songer à faire des lentilles à échelons et à les composer de plusieurs morceaux; ces idées sont si simples qu'elles viennent promptement à la pensée. Ce qui m'a le plus occupé, ce sont les moyens d'exécution, pour lesquels j'ai été parfaitement secondé par le zèle et l'intelligence de M. *Soleil*, opticien, qui a courageusement entrepris la construction de ces grandes lentilles.

Les surfaces sphériques étant les seules qu'on puisse exécuter dans des bassins, par les procédés ordinaires, j'ai d'abord divisé chaque anneau en un assez grand nombre de morceaux, et j'ai calculé la courbure et l'inclinaison de la petite portion de surface sphérique que je substituais à la partie correspondante de la surface annulaire, de manière que l'aberration de sphéricité fût la moindre possible dans tous les sens; calculs plus longs et plus fastidieux encore que ceux qu'il faut faire pour déterminer les élémens des surfaces annulaires. J'espérais dès-lors arriver à l'exécution de celles-ci; mais pour avoir plutôt une grande lentille qui pût servir à nos expériences sur l'éclairage des phares, il fallait employer les moyens d'exécution que M. *Soleil* avait à sa disposition. C'est ce qui me décida à substituer pour le moment à chaque surface annulaire un assemblage de petites portions de surfaces sphériques, et même à donner aux contours des anneaux une forme polygonale et non pas circulaire, parce qu'il était plus commode de travailler les morceaux de verre en lignes droites qu'en arcs de cercle.

Pour réunir toutes les pièces qui devaient composer une lentille, j'avais songé d'abord à les fixer sur une glace, au moyen de la térébenthine de Venise épaissie, que M. *Cauchois* a employée avec succès au collage de ses objectifs de lunette, et qui n'est pas sujette à se piquer à la longue comme le mastic en larmes. Mais l'expérience m'a appris que la chaleur du soleil la ramollissait au point de la faire couler par les joints. J'aurais pu, à la rigueur, empêcher son écoulement en fermant les joints avec du mastic. Néanmoins, il m'a paru préférable de coller les morceaux de verre les uns aux autres par les bords avec de la colle forte; parce que, de cette manière, la transparence de la lentille devenait indépendante des altérations ultérieures de la matière qui les soudait. Au lieu de colle de Flandre, nous avons employé, d'après le conseil de M. *Arago*, la colle de poisson, dont il avait eu occasion de remarquer la forte adhérence au verre en essayant inutilement de séparer dans l'eau bouillante deux prismes qu'elle tenait réunis. Ce n'est pas que la colle forte ordinaire n'adhère aussi beaucoup au verre, et il arrive même souvent, lorsqu'on l'enlève sans précaution, qu'on emporte avec elle de petits éclats de verre; mais la colle de poisson, qui probablement possède cette qualité à un plus haut degré encore, a en outre l'avantage d'être plus belle et sur-tout moins cassante.

Au lieu de donner deux surfaces courbes aux morceaux de verre dans l'épure de la lentille, je les fis plans-convexes, pour en simplifier l'exécution et rendre leur collage plus facile; on pouvait alors les poser par le côté plan sur une table de marbre recouverte d'une feuille de papier, et les y laisser pendant tout le temps nécessaire pour sécher la colle : il serait au contraire assez embarassant de coller bord-à-bord à la fois un grand nombre de verres bi-convexes.

En suivant le procédé que je viens d'indiquer, M. *Soleil* parvint assez facilement à construire une grande lentille carrée de $0,^{m}76$ de côté; sa forme et ses dimensions avaient été déterminées de manière qu'elle pût faire partie de l'appareil d'éclairage que j'avais conçu, lequel devait surpasser de beaucoup l'éclat des phares les plus brillans, comme nous nous en étions assurés, M. *Arago*, M. *Mathieu* et moi, par des expériences préliminaires sur une lentille plus petite ayant seulement o,^{m}55 en carré.

Aussitôt que l'expérience eut démontré à la commission des phares les avantages de ce nouveau système d'éclairage, M. *Becquey*, après s'être assuré par lui-même de l'extrême supériorité d'éclat que la grande lentille avait sur les miroirs paraboliques, ordonna la construction d'un appareil composé de huit lentilles pareilles. J'engageai M. *Soleil* à essayer d'en faire une à surfaces annulaires, au lieu de composer chaque anneau de petites portions de surfaces sphériques. J'attachais beaucoup d'importance à ce perfectionnement, non-seulement pour les phares, mais sur-tout pour les verres ardens, dans lesquels il est encore plus essentiel de corriger complètement l'aberration de sphéricité. J'indiquai dès-lors à M. *Soleil* le procédé mécanique auquel il s'est depuis arrêté définitivement, et qu'il emploie maintenant avec beaucoup de succès.

Dans l'exécution des lentilles destinées à l'éclairage des phares, il ne s'agit pas d'atteindre à une grande perfection; mais néanmoins la substitution des surfaces annulaires à un assemblage de petites portions de surfaces sphériques produit une augmentation sensible de l'intensité de la lumière reçue dans la direction de l'axe de la lentille. D'ailleurs les procédés mécaniques par lesquels on exécute les surfaces annulaires, permettent d'apporter beaucoup plus de célérité dans la confection de ces grandes lentilles, que lorsqu'on était obligé de travailler séparément dans des bassins les quatre-vingt-dix-sept morceaux dont chaque lentille polygonale était composée. Le nombre n'en aurait pu être diminué sans augmenter en même

B

temps l'aberration de sphéricité; tandis que, dans les lentilles annulaires, il n'y a aucun inconvénient à diminuer le nombre des morceaux qui composent chaque anneau; et il y aurait même de l'avantage à le faire d'une seule pièce, si on le pouvait; car la multiciplicité de ces divisions occasionne toujours une légère perte de lumière et doit être moins favorable à la solidité du système. C'est d'après ces considérations, présentées par M. *de Rossel* et M. *Arago*, que M. *Becquey* commanda l'année dernière la construction de huit lentilles annulaires destinées à l'éclairage du phare de Cordouan, pour encourager ce nouveau genre de fabrication et engager M. *Soleil* à faire construire les machines nécessaires.

Le dégrossissage des anneaux est devenu beaucoup moins long, depuis que cet opticien, au lieu d'être obligé de refouler des morceaux de glaces, reçoit de la manufacture de Saint-Gobin de grands arcs coulés dans des moules, et dont la forme approche bien plus de celle qu'ils doivent avoir définitivement que les morceaux de verre refoulés. MM. les administrateurs ont obligeamment accordé cette faveur à M. *Soleil*, sur la demande de la commission des phares; et le savant directeur de cette manufacture, M. *Tassaert*, a mis beaucoup d'intérêt au succès de la fonte de nos prismes courbes. Néanmoins ils ne sont pas aussi exempts de stries et sur-tout de bulles que le verre de glace refoulé avec soin. Il paraît que dès que les pièces à couler ont dix-huit pouces de longueur et deux ou trois pouces d'épaisseur, il devient difficile de les préserver des bulles et des bouillons. Le cristal ou verre de plomb est moins sujet aux bulles, mais il l'est davantage aux stries; d'ailleurs il est beaucoup plus lourd que le crown de Saint-Gobin : c'est principalement pour cette dernière raison que nous avons préféré celui-ci, malgré sa teinte un peu verdâtre, et en outre parce qu'il est plus dur et plus inaltérable à l'air que le verre dans lequel il entre beaucoup d'oxide de plomb.

Nos grandes lentilles de $0^{m},76$ en carré, qui embrassent dans les deux sens un angle de 45°, présentent, depuis le centre jusqu'au milieu de chaque côté, six échelons, y compris la lentille du centre, et dix échelons du centre aux angles, de façon que l'anneau le plus saillant n'a que trente-sept millimètres dans sa plus grande épaisseur (1), et que le poids de la lentille, y compris un fort cadre en cuivre, n'excède pas soixante-quinze livres. Pour ne point fatiguer la machine de rotation qui doit faire tourner l'appareil composé de huit lentilles, il était nécessaire de les réduire au moindre poids possible, en multipliant beaucoup les échelons. Les largeurs des anneaux ont été déterminées de manière que leurs saillies fussent peu différentes.

Après avoir décrit la construction de ces grandes lentilles, je vais expliquer maintenant comment elles sont disposées dans l'appareil qui doit servir à l'éclairage des phares. De toutes les combinaisons de lumières, de lentilles et de réflecteurs que j'ai imaginées, voici celle qui m'a paru la plus avantageuse : toutes les lumières destinées à l'éclairage du phare, réunies en une seule, sont entourées de huit lentilles carrées verticales et dont les centres sont situés dans le même plan horizontal que la lumière unique et à la distance du foyer des rayons parallèles; elles forment ainsi, autour de l'objet éclairant, un prisme vertical ayant pour base un octogone régulier; et comme elles embrassent chacune un angle de 45° dans les deux sens, elles reçoivent et emploient tous les rayons lumineux compris dans la zone équatoriale de 45° appartenant à la sphère qui aurait son centre au

(1) Les morceaux d'angle, qui sont les plus épais, n'ont que 4 centimètres.

B 2

foyer commun : or, cette zone comprend les 0,383 de la surface de la sphère ou les 2/5 environ ; et si l'on suppose que l'intensité de la lumiere est diminuée d'un dixième par son passage au travers de ces lentilles, il reste encore 0,34, c'est-à-dire, un tiers. Il est probable que la perte de lumière doit être un peu plus considérable; mais d'un autre côté, la partie inférieure de la sphère lumineuse recevant beaucoup moins de lumière que le reste, à cause de l'opacité du bec de lampe qui porte les mèches, la zone équatoriale de 45° doit contenir plus des 2/5 de la totalité de la lumière émise ; ainsi il n'y a sans doute rien d'exagéré en estimant au tiers la partie de la lumière totale réfractée par les huit lentilles.

Les réflecteurs ont l'avantage d'envelopper, pour ainsi dire, l'objet éclairant, et de recevoir une plus grande quantité de rayons; mais ils absorbent au moins la moitié des rayons incidens. Les réflecteurs paraboliques embrassent ordinairement les sept dixièmes de la surface totale de la sphère lumineuse, et l'on peut même réduire cette fraction à 0^{m},6, à cause du bec, qui intercepte beaucoup plus de rayons dans la partie inférieure du réflecteur que dans le reste de la sphère lumineuse. De plus, la moitié de la lumière étant absorbée par le miroir, on voit que la somme des rayons qu'il réfléchit est égale aux trois dixièmes de ceux qui émanent du foyer, c'est-à-dire, un peu moindre que la somme des rayons transmis par les lentilles.

L'effet utile des lentilles et des réflecteurs ne dépend pas seulement de la proportion des rayons réfléchis ou réfractés, mais encore de leur concentration plus ou moins grande dans le plan horizontal où ils doivent éclairer les navigateurs, laquelle dépend des dimensions de l'objet éclairant relativement à la distance de ce foyer à la surface du miroir ou de la lentille. Dans l'appareil lenticulaire que je viens de décrire, cette distance varie peu ; elle est de $0^{m},92$ aux centres des lentilles, de 1^{m} au milieu de leurs bords et de $1^{m},07$ à leurs angles. Dans un réflecteur parabolique, au contraire, la distance du foyer aux divers points de la surface varie depuis un jusqu'à trois et demi ; et à l'extrémité du paramètre, elle est déjà le double de ce qu'elle est au sommet du paraboloïde. Dans les plus grands réflecteurs employés jusqu'à présent, qui ont trente-un pouces d'ouverture et pèsent près de cent livres, la distance du foyer au sommet du paraboloïde n'est que de cinq pouces. On voit quelle doit être la divergence verticale des rayons voisins du sommet, je dirai même de la moitié de tous ceux que réfléchit le miroir, dès que la flamme qui l'éclaire a seulement un pouce et demi de hauteur. Une partie de ces rayons divergens est sans doute utilement employée à éclairer les abords du phare ; mais les rayons qui, par l'effet de la même divergence, s'élèvent au-dessus du plan horizontal, sont perdus pour les navigateurs. Comme l'intensité de la lumière décroît proportionnellement au carré de la distance, c'est vers les points les plus éloignés de l'horizon qu'on doit diriger la majeure partie des rayons ; et il n'est pas nécessaire d'en réserver beaucoup pour les feux plongeans destinés à faire voir le phare aux navigateurs très-rapprochés.

C'est donc par la somme des rayons dirigés dans le plan horizontal qu'il faut comparer les effets des appareils destinés à l'éclairage des phares. C'est aussi sous ce rapport que nous avons comparé, M. *Arago*, M. *Mathieu* et moi, les effets utiles des divers réflecteurs et des grandes lentilles.

ANNALEN
DER
PHYSIK.

BEGRÜNDET UND FORTGEFÜHRT DURCH

F. A. C. GREN, L. W. GILBERT, J. C. POGGENDORFF, G. u. E. WIEDEMANN, P. DRUDE.

VIERTE FOLGE.

BAND 23.

DER GANZEN REIHE 328. BAND.

UNTER MITWIRKUNG

DER DEUTSCHEN PHYSIKALISCHEN GESELLSCHAFT

UND INSBESONDERE VON

M. PLANCK

HERAUSGEGEBEN VON

W. WIEN UND M. PLANCK.

MIT VIER FIGURENTAFELN.

LEIPZIG, 1907.

VERLAG VON JOHANN AMBROSIUS BARTH.

14. *Die Mitführung des Lichtes durch bewegte Körper nach dem Relativitätsprinzip; von M. Laue.*

Da die Einsteinsche, auf dem Relativitätsprinzip fußende Elektrodynamik [1]) mit der (älteren) Lorentzschen Theorie übereinstimmt, sofern man sich auf die erste Potenz der Verhältnisse aller Körpergeschwindigkeiten zur Lichtgeschwindigkeit beschränkt, so ist es selbstverständlich, daß auch sie den Fresnelschen Mitführungskoeffizienten als erste Annäherung richtig zu berechnen gestattet. Doch findet sich nirgends in der Literatur ein Hinweis, wie viel leichter das Relativitätsprinzip dies Problem zu lösen vermag, als die andere Theorie selbst in der Vereinfachung, welche Hr. Lorentz erst vor kurzem angegeben hat. [2])

Es handelt sich hier nämlich nur um ein Beispiel für das Einsteinsche Additionstheorem der Geschwindigkeiten. Es sollen sich zwei Koordinatensysteme mit parallelen Achsen, das „gestrichene" und das „ungestrichene", mit der Geschwindigkeit v längs der X-Richtung gegeneinander verschieben. Einer Geschwindigkeit w', bezogen auf das gestrichene System, deren Richtung mit der X'-Achse den Winkel ϑ' bildet, entspricht dann, bezogen auf das ungestrichene System, die Geschwindigkeit

$$w = \frac{\sqrt{v^2 + w'^2 + 2\,v\,w' \cos\vartheta' - \frac{1}{c^2}\,v^2 w'^2 \sin^2\vartheta'}}{1 + \frac{1}{c^2}\,v\,w' \cos\vartheta'}\,. \quad {}^{3})$$

Ruht nun im gestrichenen System ein Körper von dem Brechungsindex n, so ist die Phasengeschwindigkeit des Lichtes im gestrichenen System

$$w' = \frac{c}{n}\,.$$

1) A. Einstein, Ann. d. Phys. 17. p. 891. 1905.
2) H. A. Lorentz, Naturw. Rundsch. 21. p. 487. 1906.
3) l. c. p. 906.

Die entsprechende Geschwindigkeit im ungestrichenen System ist daher

$$w = \frac{\sqrt{v^2 + \frac{c^2}{n^2} + 2v\frac{c}{n}\cos\vartheta' - \frac{v^2}{n^2}\sin^2\vartheta'}}{1 + \frac{v}{cn}\cos\vartheta'}.$$

Fallen wie bei dem Fresnelschen Versuch die Richtungen der Geschwindigkeiten v und c/n zusammen, so ist $\cos\vartheta' = \pm 1$ und

$$w = \frac{\frac{c}{n} \pm v}{1 \pm \frac{v}{cn}}$$

$$= \frac{c}{n} + \left(1 - \frac{1}{n^2}\right)\left\{\pm v - \frac{v^2}{cn} \pm \frac{v^3}{(cn)^2} - \frac{v^4}{(cn)^3} \pm \cdots\right\}.$$

Ist dagegen z. B. $\vartheta' = \pm \pi/2$, so wird

$$w = \sqrt{\frac{c^2}{n^2} + v^2\left(1 - \frac{1}{n^2}\right)} = \frac{c}{n} + \frac{1}{2}\frac{v^2}{nc}(n^2 - 1)$$

$$- \frac{1}{2}\cdot\frac{1}{4}\frac{v^4}{nc^3}(n^2 - 1)^2 + \frac{1}{2}\cdot\frac{1}{4}\cdot\frac{3}{6}\frac{v^6}{nc^5}(n^2 - 1)^3 \ldots$$

Bei dispergierenden Substanzen ist natürlich für n der Wert einzusetzen, welcher der Schwingungszahl im gestrichenen System entspricht.

Für die Gruppengeschwindigkeit gilt genau dasselbe, wenn man den Brechungsindex n durch den Ausdruck $n + \nu(dn/d\nu)$ (ν Schwingungszahl) ersetzt.

Nach dem Relativitätsprinzip wird also das Licht vom Körper *vollkommen* mitgeführt, aber gerade deswegen ist seine Geschwindigkeit relativ zu einem Beobachter, der die Bewegung des Körpers nicht mitmacht, nicht gleich der Vektorsumme aus seiner Geschwindigkeit gegen den Körper und der des Körpers gegen Beobachter. Der Notwendigkeit, einen „Äther“ in die Optik einzuführen, welcher die Körper durchdringt, ohne an ihrer Bewegung teilzunehmen, sind wir auf diese Weise enthoben.

Berlin, Juli 1907.

(Eingegangen 30. Juli 1907.)

PHYSIQUE. — *Sur les radiations émises par phosphorescence.* Note de M. **Henri Becquerel.**

« Dans une précédente séance, M. Ch. Henry a annoncé que le sulfure de zinc phosphorescent interposé sur le trajet de rayons émanés d'un tube de Crookes augmentait l'intensité des radiations traversant l'aluminium.

» D'autre part, M. Niewenglowski a reconnu que le sulfure de calcium phosphorescent du commerce émet des radiations qui traversent les corps opaques.

(421)

» Ce fait s'étend à divers corps phosphorescents et, en particulier, aux sels d'urane dont la phosphorescence a une très courte durée.

» Avec le sulfate double d'uranium et de potassium, dont je possède des cristaux formant une croûte mince et transparente, j'ai pu faire l'expérience suivante :

» On enveloppe une plaque photographique Lumière, au gélatino-bromure, avec deux feuilles de papier noir très épais, tel que la plaque ne se voile pas par une exposition au Soleil, durant une journée.

» On pose sur la feuille de papier, à l'extérieur, une plaque de la substance phosphorescente, et l'on expose le tout au Soleil, pendant plusieurs heures. Lorsqu'on développe ensuite la plaque photographique, on reconnaît que la silhouette de la substance phosphorescente apparaît en noir sur le cliché. Si l'on interpose entre la substance phosphorescente et le papier une pièce de monnaie, ou un écran métallique percé d'un dessin à jour, on voit l'image de ces objets apparaître sur le cliché.

» On peut répéter les mêmes expériences en interposant entre la substance phosphorescente et le papier une mince lame de verre, ce qui exclut la possibilité d'une action chimique due à des vapeurs qui pourraient émaner de la substance échauffée par les rayons solaires.

» On doit donc conclure de ces expériences que la substance phosphorescente en question émet des radiations qui traversent le papier opaque à la lumière et réduisent les sels d'argent. »

PHYSIQUE. — *Sur les radiations invisibles émises par les corps phosphorescents.* Note de M. HENRI BECQUEREL.

« Dans la dernière séance, j'ai indiqué sommairement les expériences que j'avais été conduit à faire pour mettre en évidence les radiations invisibles émises par certains corps phosphorescents, radiations qui traversent divers corps opaques pour la lumière.

» J'ai pu étendre ces observations, et, bien que je me propose de continuer et de développer l'étude de ces phénomènes, leur actualité me conduit à exposer, dès aujourd'hui, les premiers résultats que j'ai obtenus.

» Les expériences que je rapporterai ont été faites avec les radiations émises par des lamelles cristallines de sulfate double d'uranyle et de potassium

$$[SO^4(UO)K + H^2O],$$

corps dont la phosphorescence est très vive et la durée de persistance lumineuse inférieure à $\frac{1}{100}$ de seconde. Les caractères des radiations lumineuses émises par cette substance ont été étudiés autrefois par mon père et j'ai eu, depuis, l'occasion de signaler quelques particularités intéressantes que présentent ces radiations lumineuses.

» On peut vérifier très simplement que les radiations émises par cette substance, quand elle est exposée au soleil ou à la lumière diffuse du jour, traversent, non seulement des feuilles de papier noir, mais encore divers métaux, par exemple une plaque d'aluminium et une mince feuille de cuivre. J'ai fait notamment l'expérience suivante :

» Une plaque Lumière, au gélatino-bromure d'argent, a été enfermée dans un châssis opaque en toile noire, fermé d'un côté par une plaque d'aluminium; si l'on exposait le châssis en plein soleil, même pendant une journée entière, la plaque ne serait pas voilée; mais, si l'on vient à fixer sur la plaque d'aluminium, à l'extérieur, une lamelle du sel d'uranium, que l'on peut, par exemple, assujettir avec des bandes de papier, et si l'on expose le tout pendant plusieurs heures au soleil, on reconnaît, lorsqu'on développe ensuite la plaque par les procédés ordinaires, que la silhouette de la lamelle cristalline apparaît en noir sur la plaque sensible et que le sel d'argent a été réduit en face de la lamelle phosphorescente. Si la lame d'aluminium est un peu épaisse, l'intensité de l'action est moindre qu'au travers de deux feuilles de papier noir.

» Si, entre la lamelle du sel d'uranium et la lame d'aluminium ou le papier noir, on interpose un écran formé d'une lame de cuivre, de $0^{mm},10$ environ d'épaisseur, par exemple en forme de croix, on observe dans l'image la silhouette de cette croix, en plus clair, mais avec une teinte indiquant cependant que les radiations ont traversé la lame de cuivre. Dans une autre expérience, une lame de cuivre plus mince ($0^{mm},04$) a affaibli beaucoup moins les radiations actives.

» La phosphorescence provoquée, non plus par les rayons solaires directs, mais par les radiations solaires réfléchies sur le miroir métallique d'un héliostat, puis réfractées par un prisme et une lentille de quartz, a donné lieu aux mêmes phénomènes.

» J'insisterai particulièrement sur le fait suivant, qui me paraît tout à fait important et en dehors des phénomènes que l'on pouvait s'attendre à observer : Les mêmes lamelles cristallines, placées en regard de plaques photographiques, dans les mêmes conditions et au travers des mêmes écrans, mais à l'abri de l'excitation des radiations incidentes et maintenues à l'obscurité produisent encore les mêmes impressions photographiques. Voici comment j'ai été conduit à faire cette observation : Parmi les expériences qui précèdent, quelques-unes avaient été préparées le mercredi 26 et le jeudi 27 février et, comme ces jours-là, le soleil ne s'est montré que d'une manière intermittente, j'avais conservé les expériences toutes préparées et rentré les châssis à l'obscurité dans le tiroir d'un meuble, en laissant en place les lamelles du sel d'uranium. Le soleil ne s'étant pas montré de nouveau les jours suivants, j'ai développé les plaques photographiques le 1er mars, en m'attendant à trouver des images très faibles. Les silhouettes apparurent, au contraire, avec une grande intensité. Je pensai aussitôt que l'action avait dû continuer à l'obscurité et je disposai l'expérience suivante :

» Au fond d'une boîte en carton opaque, j'ai placé une plaque photographique, puis, sur la face sensible, j'ai posé une lamelle du sel d'uranium, lamelle convexe qui ne touchait le gélatino-bromure que seulement en quelques points; puis, à côté, j'ai disposé sur la même plaque une autre lamelle du même sel, séparée de la surface du gélatino-bromure par une mince lame de verre; cette opération étant exécutée dans la chambre noire, la boîte a été refermée, puis enfermée dans une autre boîte en carton, puis dans un tiroir.

» J'ai opéré de même avec le châssis fermé par une plaque d'aluminium, dans lequel j'ai mis une plaque photographique, puis à l'extérieur une lamelle du sel d'uranium. Le tout a été enfermé dans un carton opaque, puis dans un tiroir. Au bout de cinq heures, j'ai développé les plaques, et les silhouettes des lamelles cristallines ont apparu en noir, comme dans les expériences précédentes et comme si elles avaient été rendues phosphorescentes par la lumière. Pour la lamelle posée directement sur la gélatine, il y avait à peine une différence d'action entre les points de contact et les parties de la lamelle qui s'écartaient d'un millimètre environ de la gélatine; la différence peut être attribuée à la distance différente des sources des radiations actives. L'action de la lamelle placée sur une lame de verre a été très légèrement affaiblie, mais la forme de la lamelle a été très bien reproduite. Enfin, au travers de la feuille d'aluminium, l'action a été considérablement plus faible, mais cependant très nette.

» Il importe d'observer que ce phénomène ne paraît pas devoir être attribué à des radiations lumineuses émises par phosphorescence, puisque, au bout de $\frac{1}{100}$ de seconde, ces radiations sont devenues si faibles qu'elles ne sont presque plus perceptibles.

» Une hypothèse qui se présente assez naturellement à l'esprit serait de supposer que ces radiations, dont les effets ont une grande analogie avec les effets produits par les radiations étudiées par MM. Lenard et Röntgen, seraient des radiations invisibles émises par phosphorescence, et dont la durée de persistance serait infiniment plus grande que la durée de persistance des radiations lumineuses émises par ces corps. Toutefois, les expériences présentes, sans être contraires à cette hypothèse, n'autorisent pas à la formuler. Les expériences que je poursuis en ce moment pourront, je l'espère, apporter quelques éclaircissements sur ce nouvel ordre de phénomènes. »

I

CONFÉRENCE-NOBEL.

Faite à Stockholm le 12 décembre 1935

PAR

M. le Professeur Dr. FRÉDÉRIC JOLIOT.

L'interprétation de nos premières expériences reposait, ainsi que Mme JOLIOT-CURIE vient de l'exposer, sur des faits d'ordre purement physique. Nous avons pensé qu'il était possible, grâce aux méthodes de la radiochimie, de justifier nos hypothèses de fournir une preuve chimique de la réalité des transmutations provoquées.

Les premières preuves indiscutables de la transformation d'éléments en éléments chimiques différents ont été fournies par l'étude des phénomènes de la radioactivité. Il n'y a aucun doute que le radium se transforme spontanément en un gaz actif, le radon, en émettant des particules alpha ou hélions. Nous pouvons écrire avec certitude la réaction nucléaire correspondante: [1]

$$^{226}_{88}Ra \longrightarrow {}^{222}_{86}Rn + {}^{4}_{2}He$$

car les quantités des divers éléments entrant dans cette réaction peuvent être suffisantes pour que l'on ait pu entreprendre avec succès leur identification chimique et spectroscopique.

La suite des transformations radioactives fournit de nombreux exemples où les quantités de radioéléments sont extrêmement faibles, impondérables, et cependant, on a pu par les méthodes de la radiochimie étudier correctement leurs propriétés chimiques, identifier certains d'entre eux comme étant des isotopes d'éléments actifs ou inactifs disponibles en grande quantité.

Cette chimie particulière où l'on manipule des quantités impondérables, parfois de l'ordre de 10^{-18} gr, est rendue possible grâce au fait que l'on peut doser et suivre, par la mesure du rayonnement émis, les traces infinitésimales de matière radioactive dispersée au sein d'autres matières.

[1] On porte en haut et à gauche du symbole chimique le nombre de masse, en bas et à gauche le nombre de charge nucléaire.

1—362618. *Les Prix Nobel en 1935.*

Si nous pouvons écrire avec certitude la réaction nucléaire correspondant à la plupart des transmutations spontanées, il n'en est pas de même pour les transmutations provoquées.

Le rendement de ces transmutations est très faible et les masses d'éléments formés en utilisant les sources de projectiles les plus intenses que nous savons produire actuellement sont inférieures à 10^{-15} gr, représentées au plus par quelques millions d'atomes. On peut cependant déduire la nature des atomes formés avec une assez grande sécurité en admettant, pour écrire la réaction nucléaire correspondante, qu'il y a d'une part conservation du nombre de masse, d'autre part conservation du nombre de charge nucléaire entre les éléments réagissant et les éléments formés.

C'est ainsi que le noyau d'aluminium capturant un hélion doit se transformer en silicium lorsqu'il y a émission d'un proton

$$^{27}_{13}Al + ^{4}_{2}He = ^{30}_{14}Si + ^{1}_{1}H \qquad \begin{array}{l} 27 + 4 = 30 + 1 \\ 13 + 2 = 14 + 1 \end{array}$$

L'atome formé est très probablement le silicium, mais cet élément étant présent en quantité infinitésimale, il n'est pas possible de l'identifier chimiquement. Au contraire, lorsque l'atome formé est radioactif nous pouvons l'identifier en appliquant les méthodes de la radiochimie. Dans le cas, par exemple, où l'Aluminium irradié par les rayons alpha émet des neutrons, la règle précédente permet d'écrire la réaction de transmutation suivante:

$$^{27}_{13}Al + ^{4}_{2}He = ^{30}_{15}P + ^{1}_{0}n$$

L'atome formé étant radioactif nous pouvons vérifier qu'il possède les propriétés chimiques du phosphore.

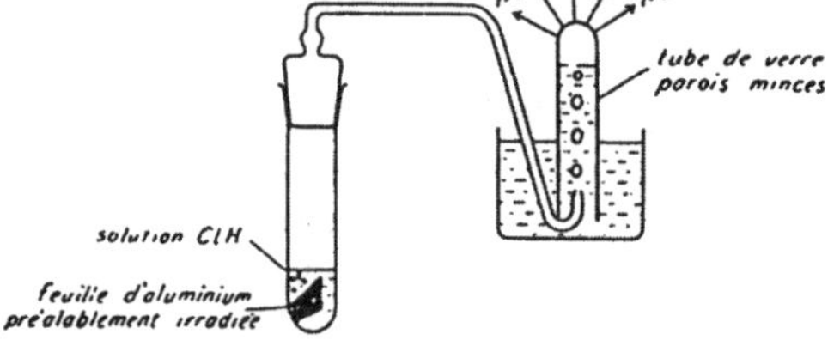

Fig. 1.

Une feuille mince d'aluminium, préalablement irrradiée par les rayons alpha, est attaquée et dissoute dans une solution d'acide chlorhydrique (fig. 1). La réaction chimique produit de l'hydrogène naissant qui entraine l'élément radioactif dans un tube à parois minces sous une cloche à eau. Cette séparation montre avec certitude qu'un élément chimique différent de l'aluminium a été formé lors de l'irradiation par les hélions. Elle fournit une preuve indiscutable des transmutations provoquées; d'autre part, des traces de phosphore se seraient séparées de l'aluminum dans les mêmes conditions.

Enfin, l'aluminium activé peut être dissous dans un mélange acide oxydant. A la solution, on ajoute une petite quantité d'un phosphate de soude et d'un sel de zirconium et l'on constate que le phosphate de zirconium en précipitant entraine l'élément radioactif. Ces expériences dans le cas de l'aluminium sont délicates, car elles doivent être effectuées en 6 minutes environ, la vie moyenne des atomes radioactifs formés étant inférieure à 5 minutes. Des essais chimiques du même genre nous ont montré que le radioélément formé dans le bore sous l'action des rayons α est un isotope de l'azote.

Nous avons proposé d'appeler ces radioéléments nouveaux (isotopes, n'existant pas dans la nature, d'éléments connus) radioazote, radiophosphore, radioaluminium (dans le cas du magnésium irradié par des rayons alpha) et de les désigner par les symboles: RN^{13} RP^{30} RAl^{28}.

Aussitôt après ces premières recherches, nous avons suggéré que le même phénomène pouvait avoir lieu pour des types de transmutations provoquées par le choc d'autres particules que les rayons alpha; par exemple, par les protons, les deutons, les neutrons.

Ces expériences furent reprises et développées dans plusieurs pays. En Angleterre et aux Etats-Unis où les physiciens disposent d'installations de très hautes tensions, divers éléments nouveaux furent préparés à l'aide des projectiles protons et deutons. En Italie, d'abord, et dans d'autres pays ensuite, les chercheurs, en particulier FERMI et ses collaborateurs utilisèrent les neutrons, projectiles de choix, pour provoquer les transmutations. Un grand nombre de nouveaux éléments furent ainsi créés parmi lesquels le radiophosphore RP^{32}, le radiohafnium, de périodes respectives 17,5 jours et quelques mois. Actuellement, on sait faire la synthèse, souvent par plusieurs procédés (le radioaluminium RAl^{28} peut être formé par des transmutations de 5 types différents) de plus de cinquante nouveaux radioéléments, nombre déjà supérieur à celui des radioéléments naturels que l'on trouve dans l'écorce terrestre. Ce fut certainement une grande satisfaction pour notre regretté Maître MARIE CURIE d'avoir vu ainsi se prolonger cette liste des radioéléments qu'elle avait eu, en compagnie de PIERRE CURIE, la gloire d'inaugurer.

La diversité des natures chimiques, la diversité des vies moyennes de ces radioéléments synthétiques, permettront sans doute des recherches nouvelles en biologie et en physicochimie. Pour mener à bien ces travaux, il sera nécessaire de disposer de quantités relativement importantes de ces radioéléments. C'est en employant des projectiles accélérés artificiellement que l'on atteindra ce but. Des dispositifs répondant à ce désir existent déjà dans plusieurs pays. En France, nous avons réalisé deux installations qui nous ont permis récemment d'obtenir des radioéléments en quantité cent fois plus élevée que celle que nous obtenions dans nos premières expériences. Ce rapport sera largement dépassé prochainement.

La méthode des indicateurs radioactifs jusqu'alors réservée aux éléments de masse atomique élevée peut être généralisée à un très grand nombre d'éléments distribués dans toute l'étendue de la classification périodique. En biologie, par exemple, la méthode des indicateurs, employant les radioéléments synthétiques, permettra d'étudier plus facilement le problème de la localisation et de l'élimination d'éléments divers introduits dans les organismes vivants. Dans ce cas, la radioactivité sert uniquement à déterminer la présence d'un élément dans telle ou telle région de l'organisme. Il n'est pas utile dans ces recherches d'introduire des quantités importantes de l'indicateur radioactif. Ces quantités sont fixées par la sensibilité de l'appareil détecteur de rayons et la grosseur de l'organisme végétal ou animal. Aux endroits, que l'on apprendra ainsi à mieux connaitre, où les radioéléments seront localisés, le rayonnement qu'ils émettent produira son action sur les cellules voisines. Pour ce deuxième mode d'emploi, il sera nécessaire d'utiliser des quantités importantes de radioéléments. Ceci trouvera probablement une application pratique en médecine.

De l'ensemble des faits envisagés, nous comprenons que les quelques centaines d'atomes d'espèces différentes qui constituent notre planète ne doivent pas être considérés comme ayant été créés une fois pour toutes et éternels. Nous les observons parce qu'ils ont survécu. D'autres moins stables ont disparu. Ce sont probablement quelques-uns de ces atomes disparus qui sont régénérés dans les laboratoires. Jusqu'alors, seuls des éléments à vie relativement brève, s'étendant de la fraction de seconde à quelques mois, ont pu être obtenus. Pour créer une quantité appréciable d'un élément à vie beaucoup plus longue, il faudrait disposer d'une source de projectiles prodigieusement intense. N'y at-il aucun espoir de réaliser ce nouveau rêve?

Si, tourné vers le passé, nous jetons un regard sur les progrès accomplis par la science à une allure toujours croissante, nous sommes en droit de penser que les chercheurs construisant ou brisant les éléments à volonté sauront réaliser des transmutations à caractère explosif, véritables réactions chimiques à chaines.

Si de telles transmutations arrivent à se propager dans la matière, on peut concevoir l'énorme libération d'énergie utilisable qui aura lieu. Mais hélas, si la contagion a lieu pour tous les éléments de notre planète, nous devons prévoir avec appréhension les conséquences du déclenchement d'un pareil cataclysme. Les astronomes observent parfois qu'une étoile d'éclat médiocre, augmente brusquement de grandeur, une étoile invisible à l'œil nu peut devenir très brillante et visible sans instrument, c'est l'apparition d'une Novae. Ce brusque embrasement de l'étoile est peut-être provoqué par ces transmutations à caractère explosif, processus que les chercheurs s'efforceront sans doute de réaliser, en prenant, nous l'espérons, les précautions nécessaires.

Liste des textes étudiés

Partie I – Physique de la lumière

- **Ole Rømer** (1644-1710), « Démonstration touchant le mouvement de la lumière », *Journal des Sçavans,* MDCLXXVI, p. 233-236 (Académie royale des sciences, 16 décembre 1676) (1676).
- **Isaac Newton** (1643-1727), « Une lettre de M. Isaac Newton, professeur de mathématiques à l'université de Cambridge, contenant sa nouvelle théorie sur la lumière et les couleurs », *Philosophical Transactions of the Royal Society,* 80, 19 février 1671/72, p. 3075 et ss. (1672).
- **Thomas Young** (1773-1829) « The Bakerian Lecture. On the Theory of Light and Colors », *Philosophical Transactions of the Royal Society,* 1802, 92, p. 12-48 (1802).
- **Augustin Fresnel** (1788-1827), « Premier mémoire sur la diffraction de la lumière », adressé à l'Académie des sciences le 15 octobre 1815 (publié dans les *Œuvres complètes d'Augustin Fresnel,* par MM. Henri de Sénarmont, Émile Verdet et Léonor Fresnel, Paris, Impr. impériale, 1866-1870) (1815).
- **François Arago** (1786-1853), « Mémoire sur la vitesse de la lumière, lu à la première Classe de l'Institut, le 10 décembre 1810 », *Comptes-rendus de l'Académie des sciences,* 36 (1853), p. 38-49 (1810).
- **Léon Foucault** (1819-1868), *Thèse de physique. Sur les vitesses relatives de la lumière dans l'air et dans l'eau, présentée à la Faculté des sciences de Paris, pour obtenir le grade de docteur ès-sciences physiques,* Bachelier, Paris (1853).
- **Augustin Fresnel** (1788-1827), « Mémoire sur la double réfraction que les rayons lumineux éprouvent en traversant les aiguilles de cristal de roche suivant les directions parallèles à l'axe », présenté à l'Académie des sciences le 9 décembre 1822 (publié dans les *Œuvres complètes d'Augustin Fresnel,* par MM. Henri de Sénarmont, Émile Verdet et Léonor Fresnel, Paris, Impr. impériale, 1866-1870) (1822).
- **Augustin Fresnel** (1788-1827), « Mémoire sur un nouveau système d'éclairage des phares », suivi de « Procès-verbal de l'expérience

faite, le 20 août 1822 par la Commission des Phares, sur l'appareil lenticulaire à feux tournants destiné à l'éclairage du phare de Cordouan », Imprimerie royale (1822).

- **Max von Laue** (1879-1959), « Die Mitführung des Lichtes durch bewegte Körper nach dem Relativitätsprinzip » (L'entraînement de la lumière par les corps en mouvement, selon le principe de relativité), *Annalen der Physik* 328 (10), p. 989–990. (1907).

Partie II – Radioactivité

- **Wilhelm Röntgen** (1845-1923), « Über eine neue Art von Strahlen » (Sur une nouvelle sorte de rayons), *Comptes-rendus des réunions de la Société physico-médicale de Würzburg,* 28 décembre 1895 (1895).
- **Henri Becquerel** (1852-1908), « Sur les radiations émises par phosphorescence », séance du 24 février 1896, p. 420-421 ; « Sur les radiations invisibles émises par les corps phosphorescents », séance du 1er mars 1896, p. 501-502, *Comptes-rendus de l'Académie des sciences* (1896).
- **Ernest Rutherford** (1871-1937), **Frederick Soddy** (1877-1956), « Radioactive Change » (La transformation radioactive), *Philosophical Magazine,* Série 6, volume 5, p. 576-591 (1903).
- **Frédéric Joliot** (1900-1958), in Conférences Nobel faites à Stockholm le 12 décembre 1935 par M. le Professeur Dr Frédéric Joliot (1935).

Auteurs

Francis Beaubois, docteur en physique et professeur agrégé.

Jean-Louis Basdevant, professeur honoraire de l'École polytechnique, président du conseil scientifique de BibNum.

Jeanne Crassous, agrégée et docteur en chimie, directrice de recherche au CNRS.

Vincent Guigueno, historien, enseignant-chercheur à l'École des Ponts ParisTech.

Claude Guthmann, professeur émérite de physique à l'Université Paris-Denis Diderot (Paris VII) et chercheur au Laboratoire de physique statistique de l'École normale supérieure.

Riad Haidar, chercheur à l'Onera et professeur chargé de cours à l'École polytechnique.

James Lequeux, astronome émérite à l'Observatoire de Paris.

Alexandre Moatti, ingénieur en chef des mines, éditeur du site BibNum, chercheur associé à l'Université Paris VII.

Pierre Radvanyi, directeur de recherche honoraire au CNRS.

Jean-Jacques Samueli, docteur d'État ès sciences physiques.

Le site BibNum (`www.bibnum.education.fr`*) est édité par le CERIMES (Centre de ressources sur les multimedia pour l'enseignement supérieur), service dépendant du ministère de l'Enseignement supérieur et de la Recherche. Hervé Lièvre est directeur du CERIMES, directeur de la publication de BibNum. Alexandre Moatti est concepteur et éditeur de BibNum. La mise en forme des textes pour le site est assurée par Murielle Radel. Michel Lavacry est webmestre et responsable technique de BibNum. Le site Bibnum bénéficie du soutien de la Fondation de l'École polytechnique et de l'Agence nationale de la Recherche.*

Achevé d'imprimer sur rotative
par l'imprimerie Darantiere à Dijon-Quetigny
en août 2012

N° d'impression : 12-0956
Dépôt légal : août 2012
Imprimé en France